① 長良川河口堰にある魚道
魚道は自然への配慮事業としてもっとも歴史があるが……。
（1節および2節参照、撮影：森　誠一）

② ウシモツゴのかつての生息地と考えられる
岐阜県養老町にある水路
西美濃地域には、こうした水路が縦横に走り水郷地帯を形成した。この水路は以前、舟運に利用されていた。
（3節および10節参照、撮影：森　誠一）

⑤ 秋田県千畑町の水田地帯に全面的に直線的に設置されたコンクリート三面水路
（4節参照、撮影：森　誠一）

③ ウシモツゴ：愛知県産（3節参照、撮影：大仲知樹）

④ 秋田県千畑町にある二つの湧泉から合流する小川
かつてはこうした湧水や小川を農業に利水していたが、現在は別水系から導水されている。今、この小川はない。（4節参照、撮影：森　誠一）

⑥ 産卵床としてのドブガイ
（5節参照、撮影：加納義彦）

⑦ ニッポンバラタナゴ保護池とその周辺 （5節参照、撮影：加納義彦）

⑧ 湧水の魚：ハリヨ （雌を巣の中に誘導する雄）
巣の入口を示すために雄は体を横にしている。(10節参照、撮影：徳田幸憲)

⑨ 日だまりで占有行動をとる
　ダイミョウセセリ
（6節参照、提供：田中　蕃）

環境保全学の理論と実践 II

監修・編集　森　誠一

信山社サイテック

緒言：自然と人間

　近年、自然環境における天然の程度は、減少の一途を著しくたどる一方であり、その劣化・悪化を招いている場合が多い。なかでも河川や湖沼など淡水域においては、より急速に生き物の良好な生息環境が狭められていると言っていいだろう。特に、都市河川においては、人工的な構造物で被われている水域が大半を占めているのが現状である。そうした中、例えば、魚の生息への配慮という目的で魚巣ブロックや魚道は、随分以前から設置されてきた。しかし従来、それらのほとんどは工事を実施するための、単なる施工の一部に過ぎないというものであった。しかも、実際に魚類がその生活の中で魚巣ブロックなどをどのように利用しているのか、あるいは無いよりはましという程度には効果があるのかどうか、ということさえわかっていない状況であり続けた。それはレッドデータブックやレッドリスト（環境省）に希少種として選定されたり、天然記念物（文化庁や地方自治体教育委員会）に指定されている生物種が生息している場合の対応にすら同様であった。この状態は、ごく近年まで続いていたと言わざるを得ない。しかしながら、ここ数年、自然環境への実際的な保全研究が生態学の立場から研究もされ、保全への方向性をもつ提言もされるようになってきた（保全生態学研究、1997～；応用生態工学研究、1998～；森編、1998, 1999；鷲谷・矢原、1996）。

　現実の事態は、複雑であることは言うまでもないことだが、地域特性に加えて歴史的な位相においても重層的な課題を呈している。例えば、私は3年ほど前、愛知県のある小河川で2kmほどの流程に沿って魚類を採集し、種相と種ごとの個体数を調査したことがある。その結果、下流から上流に向かって魚食性の外来魚（ブラックバスとブルーギル）の個体数が増加し、逆に在来コイ科魚種（オイカワやタナゴ類など）やメダカ、ヨシノボリが減少する傾向を認めた。また、この水系の最上流域にはイタセンパラ（国の天然記念物）が生息している。この調査範囲には数十m～200mくらいの間隔でいくつもの落差工が設置されており、それによって外来魚の遡上が妨げられ、その個体数が上流にいくに従って少ないと考えられた。このことは、落差工がイタセンパラが生息する上流域へのブラックバスらの侵入を防いでいる可能性がある。つまり、

緒言：自然と人間

現段階では少々言い過ぎになるが、堰の存在はイタセンパラを絶滅・激減から守る役割を実際的に果たしているという言い方もできる。こうした人工構造物が希少種を保存することに効果的に役立っているとすれば、ここで保全・保護の対象となるべき自然環境とは何かを再考しなければならない時期に来ているように思える。

このように、もはや人工構造物こそが自然の多様性を保っているという現状に対して、価値観に絡む倫理的な議論の必要性がある。部分としての当該の自然の事情には、それぞれに様々なレベルにおいて異なっているわけである。ということは、自然といい自然保護といいながらも、その実体にはかなりの振幅があるのである。それは人によって自然観が異なるという概念的なことだけでなく、守るべき対象物は具象であり、例えば、その希少性や緊急性の程度や範囲そのものに大きな差異があるということである。さらに、この「自然を守る」という行為は常に個別の具体的な問題であるという一方で、そこに共通した普遍的な要素もある。つまり、何をどうしたいのかという問いに対する期待すべき解答のあり方には共通性がある。現在の段階では、環境問題とその保全に関する個々の事例を今後の展望を提示しながら総括し、全体的な流れの中で位置付けていく作業が求められている。

本書の論稿の多くは、保全すべき相手の実態や人の自然への認識における現状をまず知ることの重要性を語り、その現況に応じた方法をもって評価できる前例として位置付けられている。その前例をもとにして、可能な限り早急に、今後の自然環境に対して一定の規準を提出する必要がある。それは、私たちが自然環境に対してどのようにしたいかの将来像を合意形成を経て描き、それを満足させる手順を作っていくかということである。その将来像の一つの方向性は本書で述べられるような生物学的調査を継続に行い、新しい知見や地域特性を提出した上で描かれるものと、私は信じている。

第1章は自然への配慮をするために我々は、まずもって相手の生態や実態の把握から開始することが何よりも重要であるとしている。その第1節の『自然への配慮とは何か』で、森誠一は本書の目的でもある、これまで自然に対する人為的な負荷に対して軽減・復元するような配慮することの実態とその問題点を列挙し、今後のための、その位置付けを図っている。

緒言：自然と人間

　次いで、半世紀近くにもわたって我が国の魚類生態学を牽引してきた一人の水野信彦が2節『魚の生態からみた魚道と河川環境』において、これまでの魚道の問題点を歴史的に指摘しながら、人が今後の河川との付き合い方の一つの指針を示している。我々が想定すべき「いい川」のあり方を、1960年代までの「高度経済成長が始ろうとしている頃の自然状態に戻すことを、一つの目安にしては」という当時の川を知る証言者としての世代からの指摘は重要である。まさに、高度経済成長期に青年期を過ごした世代こそが明確なイメージとしての今後の方向性を提示することは、それだけでも意味をもつと言えるだろう。

　第2章で自然への配慮を真摯に実施するためには、まずもって相手の生態や実態を知ることが肝要であることを、具体的な種を通じて論じられている。この生態学的把握という作業は、近年多くの自然環境を模した、あるいは配慮した形で自然公園やビオトープが作られているなかで、何をどうしたらいいのかの基本となるものである。そのためには頻度の高い継続的な調査が必須である。その意味、この章の著者らは地元で何年にもわたって研究活動をしており、その特性ならではの利点を活かしている。3節『ウシモツゴの生態的現状と移植の可能性』で大仲知樹・森は、東海地方（愛知・三重・岐阜3県）だけに分布する稀少淡水魚であるウシモツゴの生態を経年的に追跡した。その本来的な分布が消失していく中で、かつて行われていた周縁域の溜め池へのコイ・フナ放流に伴う混入によって分散した結果、現在も生息が維持されている可能性を、ウシモツゴの生態を考慮した上で指摘した。このことは、自然保護・保全となるべき対象がすでに人為的な影響を受けた上で、その生存が保証・維持されてきたことを示唆している。

　4節の『イバラトミヨ雄物型の湧泉と水路間の移動性』は、魚の生息場所としての農業水路のあり方をテーマとし、これからの水路網と利水状況の方向性に言及している。特に、巣を作る魚であるイバラトミヨを取り上げ、その移動を阻害する要因として水路の構造自体と流量を問題にしている。つまり、イバラトミヨの保全対策には、排水流入を回避するバイパス水路の設置や生息可能となる水路改修などが必要となる。さらに、その地域の集団を維持するためには、自由に行き来できるよう各水路網間のネットワーク化によって、より広い範囲で対象区を考慮していくことを指摘している。これらの事項は今後の農村環境を考えていく上で、検討していくべき内容であろう。

v

緒言：自然と人間

5節『ドブガイの繁殖生態について ― ニッポンバラタナゴの保護と環境保全』で加納義彦と彼が顧問指導をしている清風高校生物クラブは、稀少魚を保全するためにその産卵場所としての二枚貝の生態を豊富な新しい知見をもとに成果を出している。ちなみに、彼らの活動は継続的なものであり、クラブのいわば伝統的な研究となっている。豊田市矢作川研究所の田中蕃は6節『自然公園づくりとチョウ類の生息状況』で、現在、多くの自然公園が建設されているが、そこでは『果たしてどの程度の自然を目指したものかが問われることになる』という。このことは重要である。しかしながら、実際の自然を配慮した施設の大半は、そうした問いがさほど考慮されないままに事業化されているようにみえる。ただ、田中もいうように『こうすればこのようになるという予測は、客観的に技術レベルが確立されていない現在、きわめて難しい』のが実態である。つまり、このことは自然環境のために配慮した事業をしようとしても、そもそも基準となるものが明確になく、何を目指すのかが設定できないことを意味している。すなわち、現在の我々にできることは、『人為に対する自然の反応としての結果を一つずつ検証総括して、データを積み上げて行く』ということになろう。

第3章の『合意のために』では、一般的な人々の自然に対する関わり合い方の有様をテーマとしている。自然環境の生態学的な把握と同時に、日常生活する中での人の自然への認識のあり方を理解することの内にも、今後のありうべき自然の姿の一端があると思われるからである。7節『マルタウグイ産卵水域および産卵生態の観察』は科学的手法に環境保全の根拠性を置くのではなく、地域住民による地域環境の観察調査の重要性を示しており、地域特性についての知見を蓄積したものである。それは、地元ならではの調査の継続性や河川観察の日常性が、郷土の自然を身近なリアルに感得するものとして位置付けられる。また、興味深い知見として「魚道入口だが、魚道に入る気配はなく、手前の平瀬内に留まっていることが多かった」という観察がある。つまり、「魚道によって下流側にできた瀬が、適切な産卵場所になっている」という見方は、人工構造物が自然にとって直ちに悪いということにはならず、もはや、そこにある自然物の構成員となっていることを意味しているのかもしれない。これは実に重層的で厄介な環境問題であるが、今後の地域自然をいかにしていくかという人間の営為に対して合意しておかなければならない課題である。近年の子供達は、そうした本来的な意味からすれば二次的かつ擬似的な自然性をもって、彼らの原風景が形成され

ていっているのである。例えば、ブラックバス釣りによって、自然と親しむ契機になる場合がある。一方で、このブラックバスなどの移入種については昨今、その在来種への影響に関して注目されるようになってきた。しかしながら、一般の人々がどのようにバスの存在を認識しているかの調査は実はあまりない。東京都井の頭自然文化園の竹内健は、その現状認識の把握として8節で『ブラックバス問題に対する人々の認識とその現状』を報告している。ここで興味深いことに、ブラックバス放流をしたことがあるという回答者の中で、本種が在来種に悪影響を与えることも放流禁止であることも知っていると答えた回答数がもっとも多かったことである。このことは、情報として「知る」こととリアルさを含意する「理解する」とは異質のものであると示しているかのようである。つまり、日本の本来的自然を保全しようという価値と釣りをしたいという個人的な価値との間にはギャップがあり、それを関連付けるような整理がなされていないことに問題があろう。私は、それを担う役割として、教育の力とその枠組み作りに期待している。

これに連動する形として、実践がなければいくら文言を唱えていても無意味な「環境教育」という現場において、9節『環境教育の現状と課題』で高桑進は、そもそもの「環境」という概念の整理から始めている。一般に、「環境」と我々が言ったとき、多くの場合「人間中心の考え方」が潜んでいることの問題を指摘している。そこで展開される、西洋的な価値観に基づく現世代に対して環境教育のあり方の中に「東洋的な自然観」の導入を主張する彼の議論には、ややステレオタイプ的な匂いを感知できなくもないが、当面の議論を進めていくための手続き上の段取りとしての作業ともいえよう。早急に、教育現場における「環境教育の環境」を整えることが必要であり、これに加えて、高桑は『環境教育に携わる教育者が十分に生態学を理解していないため』としている。このことは確かにそうであると思えるが、そもそもの教員養成の過程において環境問題や生態学に触れる機会があるのか、そうした体制上の問題も考えられる。こうした教育者や教員養成の仕組みの観点からだけでなく、この立ち後れを改善する方策の一つとして、『基礎的な生態学を楽しく学べるコンパクトデスクを作製し、全国の学校に配布する教育プロジェクト』を立ち上げるべきとの具体的提言は重要と思われる。『わが国の生物学は素晴らしい研究成果を上げていることは認めるものの、このような教育的な活動はきわめて貧弱である』という指摘と連動して、研究者

緒言：自然と人間

の対応が問題の一つとなっていることを意味している。

最後に、10節『ビオトープから"まちづくり"へ：大垣市の事例』では、どのようにビオトープ事業を進めていくかの合意形成を得る手立てを解説している。そこでは、始めから合意すべき事象があるわけではなく、それを形成するために複数の人々が継続的に交流できる場を設けることこそが肝要であると論じられている。互いの了解事項を交換し合うこと自体が重要である。つまり、合意形成とは、交流の場に集合した参加者の間における共通点と相違点を明確にして、当面の課題に対して『了解事項や解決策を作り上げていくこと』なのである。このことを、本稿は事例に沿った形で、今後の方向性および考え方について明確な提案をしている。

私は、環境保全において理論と実践という2つの視点は明瞭に区分されるとは考えていない。環境保全という営為における理論とは、そもそも最初から演繹的な手法があって、それに即して実践があるという性質を持っていないと、少なくとも現在は考えている。実際の活動を伴わないものは無意味に等しい性質をもつ環境保全は、実践をこそして意義があるのである。理論といっても実践を伴いながら、その都度、実践自体を相対化するようにして、かつ一般化していく体制や組織あるいは規則を形作っていくことによって、ここでいう理論は構築されるものといえよう。もちろん、例えば保全生物学としての理論アプローチは存在するし、事前にやってはいけないことや、このままの状態であれば将来こうなるといった予測は理論的に成り立つものである。この活動は必ずしも保護運動や市民活動への参加を意味してはいない。つまり、自己の研究成果を環境問題という社会現象に応用的に還元できるような姿勢や、専門的な見地からのアドバイスをする立場に身を置くということも、まさに活動である。ただし、そうした経験的な活動を一過性に終わらせないためにも、また、その時代の時流に流されていかないためにも、より普遍的な仕組み作りへの方策および今後の事業の結果を予測をしつつ、理論化への作業を進めていくものでなくてはならない。従来の環境科学一般において繰り返し言われてきたように、理論と実践の間のギャップは明らかに存在するものの、この環境保全学としては理論と実践という関係自体がまだ未分化の状態であり、そもそも第一義的に分化しえないものであるかもしれない。この特徴こそが、環境保全学の性質といえるのだろう。やや一般化して言えば、人類が誕

生する以前もしくは人類未踏の地でない限り、地上は多かれ少なかれ改変されており、それに加わる人工の程度によって、つまり人との関わりによって様々な自然がある。もはや、わが国においては、その高い程度の自然状況が多い。また、自然はいつから始まるのか、何をもって自然というのかという問いは、今後のありうべき自然観と自然に対する展望にかなり深く関わる。その問いへの解答は例えば、公共事業としての環境対策や環境保全を目的とする市民活動の現場で、きわめて現実的で緊急的な切望となっている。この『自然の保全』や『自然への配慮』をする作業においては、単に環境に関わる生態学や土木工学あるいは行政学や社会学などの社会系科学だけでなく、いわば哲学や倫理学までもが重要な役割をするはずである（内山、1986, 1988；鳥越、1997；田中、1998；桑子、2001）。本シリーズは、こうした観点からの論稿を集録しながら、環境保全に関する諸処の事例を網羅しながら今後も交通整理を継続していきたいと予定している。

参 考 文 献

桑子敏雄（2001）：新しい哲学の冒険（上）．NHK出版．
森　誠一　監修編集（1998）：魚から見た水環境．信山社サイテック．
森　誠一　監修編集（1999）：淡水生物の保全生態学．信山社サイテック．
田中　宏（1998）：社会と環境の理論．新曜社．
鳥越皓之（1997）：環境社会学の理論と実践．有斐閣．
内山　隆（1986）：自然と労働．農山漁村文化協会．
内山　隆（1988）：自然と人間の哲学．岩波書店．
鷲谷いずみ・矢原徹一（1996）：保全生態学入門．文一総合出版．

2002年2月

森　誠一

執筆者一覧

監修・編集　森　　誠一　　岐阜経済大学助教授　理学博士

(執筆順)

水野　信彦　　愛媛大学名誉教授　理学博士
大仲　知樹　　(株)ＮＩＣ環境システム　研究員
神宮字　寛　　秋田県立農業短期大学講師　農学博士
加納　義彦　　清風高等学校生物科教諭　学術博士(理学)
田中　蕃　　豊田市矢作川研究所　主任研究員
中本　賢　　俳優
竹内　健　　東京都井の頭自然文化園・水生物館　主事
高桑　進　　京都女子大学助教授

目　次

緒言：自然と人間 ……………………………………………… 森　　誠一　v

【 見方の整理 】

1　自然への配慮とは何か ……………………………………… 森　　誠一　3
　1.1　河川環境の変容と配慮事業のために …………………………………… 3
　1.2　生態を把握すること ……………………………………………………… 5
　1.3　現状把握と今後の指針 …………………………………………………… 8

2　インタビュー：魚の生態からみた魚道と
　　　　　　　　河川環境 ……………… 水野　信彦・(聞き手)森　誠一　13
　2.1　私の自然観と魚道 ……………………………………………………… 14
　2.2　生態学的視点 …………………………………………………………… 18
　2.3　部分的な魚道はなるだけ造らない方が良い ………………………… 21
　2.4　部分的魚道は維持管理が大変である ………………………………… 23
　2.5　全断面魚道のすすめ …………………………………………………… 25
　2.6　欧米での多自然型魚道の試み：自然という手本 …………………… 27
　2.7　魚道の設置に至る位置付け …………………………………………… 28
　2.8　ダム湖と魚道 …………………………………………………………… 34
　2.9　魚道の評価と今後 ……………………………………………………… 37

【 生態を知る 】

3　ウシモツゴの生態的現状と移植の可能性 ………… 大仲　知樹・森　誠一　41
　3.1　調査地と調査方法 ……………………………………………………… 41
　3.2　採集魚種と放流 ………………………………………………………… 44
　3.3　生　態 …………………………………………………………………… 45
　　　1) 体長分布 ……………………………………………………………… 45
　　　2) 繁殖期 ………………………………………………………………… 47
　　　3) 成長と生存 …………………………………………………………… 47
　3.4　保全としての放流 ……………………………………………………… 48

目　次

4　イバラトミヨ雄物型の湧泉と水路間の移動性 …………… 神宮字　寛　50
4.1　事業対象地区におけるイバラトミヨの生息環境 …………………………52
4.2　推定個体数の変化からみた湧泉と水路の移動 ……………………………52
4.3　湧泉と水路に生息するイバラトミヨの体長組成 …………………………57
4.4　標識個体の移動 ………………………………………………………………58
4.5　イバラトミヨの移動にかかわる環境要因 …………………………………59
　　　1）湧泉の湧出量および水路の流量 ………………………………………59
　　　2）水路の流速 ………………………………………………………………60
　　　3）湧泉および水路の水温 …………………………………………………61
4.6　イバラトミヨの移動性と移動を阻害する要因 ……………………………62

5　ドブガイの繁殖生態について ― ニッポンバラタナゴの
　　保護と環境保全 ― ………………… 加納　義彦・清風高校生物クラブ　65
5.1　ニッポンバラタナゴの繁殖期とドブガイの繁殖、成長、分布状態について … 67
　　　1）方　　法 …………………………………………………………………67
　　　2）結　　果 …………………………………………………………………68
　　　3）考　　察 …………………………………………………………………73
5.2　ドブガイの食性について ……………………………………………………74
　　　1）方　　法 …………………………………………………………………74
　　　2）結　　果 …………………………………………………………………74
　　　3）考　　察 …………………………………………………………………77
5.3　総合考察 ………………………………………………………………………77
　　　1）ニッポンバラタナゴの産卵床（ドブガイ）に対する選択性について …77
　　　2）ドブガイの産卵期について ……………………………………………78
　　　3）ドブガイの成長期について ……………………………………………78
　　　4）池の底質と稚貝の発生との関係 ………………………………………78
　　　5）池の底質と植物プランクトンの組成比について ……………………78
　　　6）水温と植物プランクトンの季節変動 …………………………………79
5.4　ニッポンバラタナゴの保存と環境保全を具現化していた"どび流し" …79

6　自然公園づくりとチョウ類の生息状況 ………………………… 田中　蕃　82
6.1　公園の地理的位置と概要比較 ………………………………………………83
6.2　公園整備と管理について ……………………………………………………87
　　　1）児ノ口公園 ………………………………………………………………87
　　　2）お釣土場水辺公園 ………………………………………………………90
6.3　チョウ類の調査 ………………………………………………………………92

	1）調査方法と期間		92
	2）調査結果		93
6.4	考　察		98

【 合意のために 】

7	マルタウグイ産卵水域および産卵生態の観察		中本　賢	103
7.1	産卵場所観察			105
	1）二ケ領用水上河原堰			107
	2）宿河原堰下流部全体図			110
	3）東名高速道路橋上合流点			113
7.2	マルタウグイの産卵生態			115
	1）場所選びに共通する産卵環境			115
	2）産卵行動			115
	3）多摩川中流域における産卵期間			117
	4）産卵群の体長変化			117
7.3	産卵水域			118
	1）上流端			118
	2）下流			120
7.4	観察を通じて感じたこと			122
8	ブラックバス問題に対する人々の認識とその現状		竹内　健	123
8.1	調査の方法			124
8.2	アンケート調査の結果			125
	1）回答者の年齢と性別			125
	2）バス等の認知度について			126
	3）食害に対する認知度について			127
	4）魚釣りとバス釣りについて			128
	5）放流禁止の認知度について			129
	6）放流経験について			129
8.3	ブラックバス問題への認識とその現状			130
8.4	密放流を防ぐ手段の一つとして			131
9	環境教育の現状と課題		高桑　進	133
9.1	環境教育における環境の定義			134
9.2	日本人の持つ自然観について			136

目　次

- 9.3　環境教育の目的 ……………………………………………………… 137
- 9.4　環境教育の現状と課題 ……………………………………………… 139
- 9.5　日本の生態系(生命環境)の特徴 …………………………………… 146

10　ビオトープから"まちづくり"へ：大垣市の事例 …………… 森　誠一　149
- 10.1　西美濃・大垣の背景 ………………………………………………… 149
- 10.2　「ビオトープ」を活用した市民参加のワークショップ …………… 151
- 10.3　ビオトープ公開講座 ………………………………………………… 151
  - 1) 地域の問題 ……………………………………………………… 152
  - 2) 生態学と自然への配慮 ………………………………………… 152
  - 3) 西美濃とはどういうところか？ ……………………………… 153
- 10.4　大垣市・水環境意識調査(アンケート)から ……………………… 154
- 10.5　ワークショップによる合意形成に関する手法 …………………… 157
  - 1) ワークショップにおける了解事項 …………………………… 157
  - 2) "まちづくり"としてのビオトープと市民参加 ……………… 160
  - 3) ワークショップ参加者への合意事項 ………………………… 160
- 10.6　ワークショップの方法 ……………………………………………… 161
- 10.7　合意形成としてのワークショップ ………………………………… 166
- 10.8　地域活性化としての合意形成 ……………………………………… 167

見方の整理

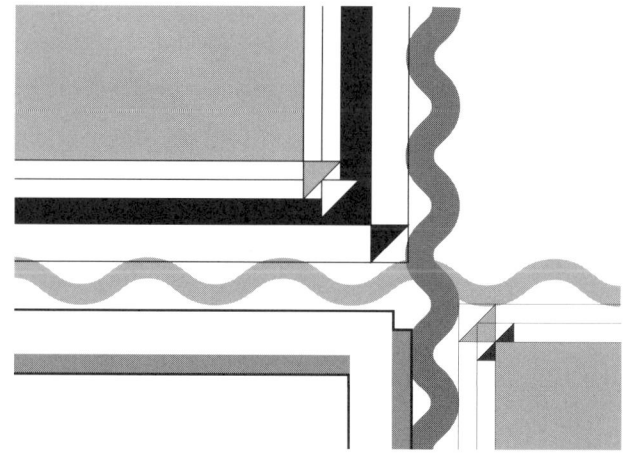

1

自然への配慮とは何か

森　誠一

　最近、多くの場所で「自然にやさしい……」、「魚がのぼりやすい川づくり」、「多自然型川づくり」、某かのエコ製品として"キャッチー"な標語に基づく土木事業や、希少生物の保全事業や悪化した生物の生息環境を復元するためのビオトープ作りなどといった『自然への配慮事業』が、公共事業としてだけでなく民間事業としても実施されている。あるいは、自然環境への「まなざし」がガーデニングや家庭菜園といった形で、我々の日常生活の中に一般化してきている。こうした相手が人間ではなく、自然を前提とする要素に力点を置いた価値観あるいは関心への振れから生起した事業として顕現するには、対象としての自然の実態を把握することが第一義的に重要と思われる。しかしながら、実際には、さほどの自然への理解が顧みられないままに事業化されている場合が多い。本稿では、この現状に対して、生態学に携わるもの(生態屋)として、土木事業を企図・計画・実施する土木屋(森、1998)に向けて発信しておくべき視点や考え方を、ここで河川を念頭におきながら提示したいと思う。

1.1　河川環境の変容と配慮事業のために

　河川環境は特に、高度経済成長期を境に人工的に大きく変化した。土木行政は、治水という人の生命・財産を保全する全くもって正当な理由や利水という生活・産業向上のための実利的理由から構造物を設置し、その強化を主眼にしてきた(**写真1-1**)。それらの構造物は水量変動の程度を減退させ、洪水状態の減少や期間短縮を目的とする管理において成果を挙げた。すなわち、水資源管理としてできるだけ単調な流路系に

見方の整理

写真1-1　岐阜県揖斐川上流で建設が始まっている徳山ダム（2000年1月）
利水と治水の目的がある。この建設においては、自然環境への系統立った配慮が努力されていないように、私には思える。

して利用水を確保しつつ、速やかに陸水を海へ流す水収支だけを考慮してきた。そのために例えば、コンクリート護岸によって陸域と水域との間に明確な境界線を引くことを過去50年間で急速に促進してきたといえる。あるいは一方で、ダムや堰堤などで水を溜め、水の有る場所と無い場所を明確に分断して、それぞれの目的に応じて管理をしやすくしてきた。それらの結果は、いずれにしても単調で貧弱な河川環境を招くことになったのである（図1-1）。

　近年、それらの悪化した河川環境を元に回復させたり、自然を残した形で構造物が建設されたり、水域管理の再構築による改善が試みられるようになってきた。また、その河川本来の生態系を保持、もしくは復元する環境管理の方法を進展させるために、基礎科学の応用に努力が向けられている。しかしながら、そうした「自然への配慮」の試みは、また環境の単調化を招く結果となっている場合が多い。つまり、配慮事業自体が人間側の美的感覚で実施され、やや強めに言い換えれば、例えば日本庭園を理想とする発想で従来の造園工事が行なわれているのである。結局、自然に配慮した改

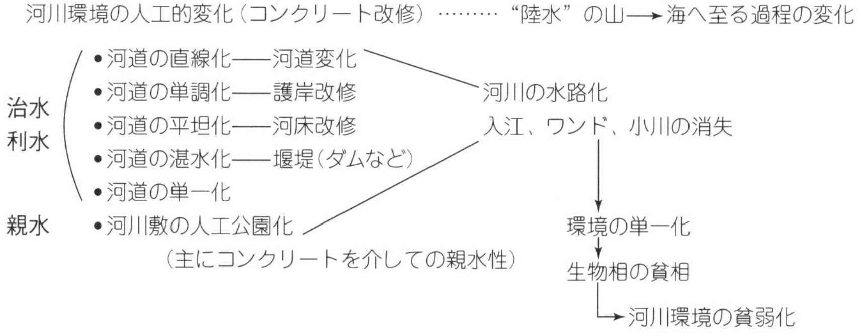

河川環境の人工的変化（コンクリート改修）………"陸水"の山→海へ至る過程の変化

```
         ┌・河道の直線化──河道変化
治水     │・河道の単調化──護岸改修 ┐ 河川の水路化
利水     │・河道の平坦化──河床改修 │ 入江、ワンド、小川の消失
         │・河道の湛水化──堰堤（ダムなど）
         └・河道の単一化                    ↓
親水      ・河川敷の人工公園化              環境の単一化
           （主にコンクリートを介しての親水性）生物相の貧相
                                              └→河川環境の貧弱化
```

図1-1　河川環境の人工的変化とその影響

修事業の多くは現在でも、そこの環境特性や個々の生物種の生息条件に合った形では余り実施されていないのが現状のようにみえる。また、自然環境を配慮したといっても画一的な工法に基づき、ある場所で成功したと判定された事例を各所で当てはめることがなされている。人間の快い美的感覚を前提とした場合、その事業は画一的にならざるを得ない。それは元来、人間という一種だけの視点に即した結果であるからだ。そこにある多様さというものは、せいぜい趣味や好み、あるいは流行の問題であり、場合によっては利害が関連することによって影響を受けさえする。それらは何ら自然の多様性を反映するものではないし、文化会館や個人の庭で顕現すればよいことだ。

　やはり、そこではその場所や地域の本来の自然特性を前提にしたストーリーに、どのようにして近づけるかを目標とするべきであり、その本来の姿の仕組みのある部分は生態学的な視点から提言されることになろう。人間サイドから勝手に配慮してみましたという、一人よがりの発想であってはならないのである。それを私は"配慮"とはいわないし、そうした状況であり続ける限り、事業の目標は不達成であると判断する。

1.2　生態を把握すること

　自然への配慮という場合、生物の生息環境を配慮するということが主要な課題となるため、そこでは生態学を基礎の大きな一つに置くべきであろう。なぜなら、生態学は生物の生活や生物相互の関係を定量的に分析していく学問であるから、その自然へ

の配慮事業の目的や主な対象が人間生活に置かれるのでなく生物を含む自然であるという場合、すこぶる当然のことと思われる。例えば、わが国の河川における魚類生態学は1950年代に始まり、一定の蓄積がある（今西、1951；川那部ら、1956；川那部ら、1957；水野ら、1958；石田、1959）。魚の生活を第一義的に考えるならば、そうした生態学的成果を自然への配慮事業に取り入れられなければならない。しかしながら、実際に生態学的成果を応用的に事業の中に取り込んだ事例はまだまだ少数である。少なくともその大半が、事前・事後調査を踏まえた上での配慮事業の評価がなされてこなかったことは大きな問題である。したがって、評価を活かそうにも、そもそも評価自体ができていないことも問題として大きい。もちろん、そもそも生態学は実際の土木事業への応用を前提として研究されているわけではなく、直ちにその事業に応用できる形になっているわけでもない。護岸、堰堤、魚道、水田や用水路など、人工構造物のある水域における魚の生活に関する生態学的研究はまだ初期段階にあり、研究例も非常に少ないのが現状であるといってよい（森編、1998, 1999；江崎・田中編、1998；神宮字ら、1999；片野ら、2001）。

自然への配慮事業の一つとして、多くの魚道が古くから作られてはきた（**写真1-2**、**写真1-3**）。しかし、それらのほとんどは作り放しのままである（森、2000a, b）。魚道という構造物の建築工学的研究はあるが、今までそれらの配慮施工物は生態学的に、すなわちその多くの魚道は魚類の生活の中でどのような位置付けにあるのかを設定して作られたことがなく、また、その後、効果について定量的に評価されてこなかった。このことは、生態屋からの発言や提言が余りなかったことにも起因し、土木屋との間で、かつ土木屋の内でいろんな誤解や認識のズレを不要に生んできた。ここで必要なことを簡潔に言えば、生態屋は施工物の現状や生物の生息環境の劣化した事態を前にしてゴチャゴチャ文句や理屈を言うだけでなく、自己や自己の分野の成果を土木事業に還元できるような言説を工夫し、もしくは、その言説が取り込めるような体制を作るよう働きかけ求めるべきなのである。もっとも、これは生態学に携わる人全体が持つべきということではなく、関心のある者だけの事情で何ら構わない。今まで、こうした社会的還元への作業があまりにも無さすぎた、あるいは議論されてこなかったことに対する、あえてやや言い過ぎた提言といえる。

確認としてであるが、生態学は「自然への配慮事業」に適用できるような形で始め

1 自然への配慮とは何か

写真1-2 岐阜県揖斐川支流坂内川にある魚道（1999年12月）

入口前（最下部）には土砂が堆積し、途中では土砂崩れによって流路が遮断されている。

写真1-3 三重県多度川における護岸と魚道工事（1996年4月）

自然への配慮事業でありながら、河川全体を根こそぎ改修していく。事業計画の完成形ばかりでなく、工事のやり方も課題である。

からあるのではなく、まず生物の生活の把握という目的が先にあることは言うまでもない。その自然環境を生態学的に理解すれば、基本的に人の手が加わらない天然性こそを、我々は望むべきという結論に帰着するに違いない。生態学的視点からは、生物に人為的負荷を与えること自体を避けるべきということになろう。しかしながら、そうした理解ができたところで、それをもって土木事業に十全に応用できることでもないだろう。いわば、現状の生態学の応用とは、人間による自然改変に対して生物がどの程度までの負荷・抑圧に我慢してもらえるかを把握することである。あるいは、見方を変えれば、社会生活をしていく人間が自然に対して某かの負荷を与えないことはあり得ない中で、人間は生物を絶滅させない程度にどこまで抑圧ができるのかということでもある。要するに、これ以上は生物に負荷を与えるべきではないということへの、根拠あるシナリオを生態学的視点から定量的に示すこともいえる。

　この生態学的視点に基づく成果を「自然への配慮事業」としての土木事業に応用する際には、この視点と事業の間で得るべき了解事項においていくつもブラックボックスにしたまま埋めておかなければならない多くの溝があろう(川那部、1998)。ここでは、その整理作業やブラックボックスの個々の項目について逐一に議論はしないが、現状の方法で自然や生態系を理解したとしても、かつそれらの成果を応用的に取り込むことができるとしても、直ちに事業化を進行していって構わないことにはならないとだけは言っておきたい。今ある方法で配慮が含まれさえすれば、一方で確実に自然に負荷を与える事業を際限なく是認し続けてしまえるようなことになってはならない。言い換えれば、自然への配慮施工への生態学的応用というのは、不十分であるということを十分に理解しておくべきなのである。次いで、生息地および配慮事業の成果に対する評価のマニュアル化と、その常なる更新ができる体制が切望される。何らかの手続き上の段階を経さえすれば事業化できるという形骸化だけは、少なくとも避ける方策を立てておかなければならない。これは現状に対する懸念といってよい。

1.3　現状把握と今後の指針

　これまで自然への配慮がなされたとしても、その多くは中途半端であり続けたように思える。また、その事業評価がなされないままで作り放しであり、その施工物の何

が良くて何が悪いのかが定量的に位置付けられてこなかった。しかしながら、今後は、この施工手続きの中に事業の事前・事後に生態学的視点を反映した調査を行ない、事業評価をする作業を義務づけることが必要である。

　ここで問題の対象を、①生物(人間を含まない動・植物)とその生息環境、②おもに土木工学が対象とする物理・化学的環境、③人間による伝統・文化を含む経済活動で展開される社会的環境、という三者に便宜上分けてみよう。人間が人間のために行う土木事業の対象である②と人間生活から必然的に発生する③は互いに密接に関連し、②は③を維持するために主に実施される。自然を第一義的に価値観の中心に据えようとする①の視点を、この②と③の関係軸の中にどのように位置付けるのかが議論されることになろう。生態屋は生物の生活①を研究し、土木屋は人間生活のためという目的で環境を改変することで②を研究している。生態屋は自然を第一義的に捉えるが、土木屋の中心はあくまでも人間の生活維持のための土木工事にある。これまで、この両者にはほとんど交流がないまま、自然への配慮事業が②や③の目線だけで進められてきたきらいがあった。そこで生態屋と土木屋との共同作業が必須である以上、それぞれの得手不得手を補うための交流をする仕組みを作り上げることが重要である。まだ、この交流のあり方は模索段階(例えば、応用生態工学研究会[註])なのだが、それゆえ、互いを意識した各自の成果物を互いに整理しておくことが必要となる。その作業として生態屋に早急に望まれるのは、この交流状況を進展させるために、まず生物各種の生活を中心に、生息条件の何が重要であるかの生態学的な仕事をまとめておくことが重要である(プレマック、1997；鷲谷、1999；松田、2000)。それをもって自然に負荷を与える事業を軽減化する方向で、反映・応用できるという段階を経ることになろう。

　人間生活を前提とした論点③は、環境問題は単に生態的および土木的視点からだけで語ることはできないことを示している(藤原、1991；鳥越、1997)。そもそも環境が

註) この研究会は、「自然環境への配慮」をする際に、生態学と土木工学の研究者・技術者との間には認識のズレがあることを前提にして、そこから共通項を見出すべく出発している。この目的が異なっている両者の交流のあり方は、かなり意識的に組織化(できるかどうかは保証の限りではない)される必要があろう。この作業が各地でそれぞれの事情に合わせながらモデル化され、今後の指針を示していくことは火急に望まれることである。例えば、札幌市のフゴッペ・プロジェクト(岩瀬晴夫氏がオーガナイズ)の活動は、その一つの試行として興味深い。

見方の整理

問題になっているのは人間活動に原因があり、人間にとって悪影響という形で関わる事態となっているからである。そこで、日常生活の身近な環境として問題を捉えていく場合、地域という視点が直ちに発生しよう。すなわち、地域を主体とする伝統・文化を含む経済社会活動を、環境問題において無視することはできないし、そもそもそこにこそ問題の核心の所在がある(写真1-4)。したがって、以上のことは、人間の生活圏内における生物の豊富さや多様性を維持したり復元したりする人間の作業には、地史的な地学的側面(地殻変動や河川争奪など)、生物地理学や群集生態学的な、いわゆる自然科学的な観点からだけでは片手落ちということを当然ながら意味している。つまり、そこにおいては人文学的要素や土木工学あるいは農政史的な視点をも持って、有史以降の人間生活が絡んだ自然環境の歴史を顧みる作業も重要である。

このことを実現させるためには、行政、地域住民、研究者の三者が事業進行において協議してこそ、自然環境の保護・保全というものは実質的に進展する。これを十数年前に私自身が述べた言葉でいうと、「三位一体説」ということになる(森、1988, 1991,

写真1-4　岐阜県伊自良村におけるハリヨ池の地域住民と
　　　　　地域の小学校による清掃活動 (2001年11月)

1997）．そのためには、その地域に根差した自然と歴史・文化の両面の研究活動の結果を集約する場が必要不可欠である。このような活動を展開する場として、例えば大学の役割がある．大学における研究活動の地域社会への還元であり、環境を考慮した地域の将来像への計画段階からの専門分野からの参画である．それは、単なるアドバイザーや学識者という立場でなく、またコンサルタントが描いてくる図面や計画書にその都度対応するだけでなく、そもそもの計画の土台となる意見や資料を提出したり、実際的に調査そのものに参画することを意味している．つまり、そこでは地域ごとの特性を活かした環境づくりを、生態学的見地を踏まえた土木事業や教育および啓発を通した形で、経済活動や生活域にいかに取り込めるかが今後の一つの課題となると思う．現在、私は、その課題を展開させる研究フィールドの単位としての"流域という共同体"を支点に据え、多方面にわたって資料を集め交通整理しようと試みているところである．

参 考 文 献

江崎保男・田中哲夫 編（1998）：水辺の生物群集．朝倉書店．
藤原保信（1991）：自然観の構造と環境倫理学．御茶の水書房．
今西錦司（1951）：イワナとヤマメ．林業解説シリーズ．全集所収，講談社．
石田力三（1959）：アユの産卵生態I．産卵群の構造と産卵行動．日水誌，**25**, 259-268．
神宮字寛・近藤　正・沢田明彦・森　誠一（1999）：小規模湧泉におけるイバラトミヨの生息と保全．応用生態工学，**2**, 191-198．
片野　修・細谷和海・井口恵一朗・青沼佳方（2001）：千曲川流域の3タイプの水田間での魚類相の比較．魚類学雑誌，**48**, 19-26．
川那部浩哉（1998）：応用生態工学とは何か，それは今後どのようにすすめていくべきか．応用生態工学，**1**, 1-6．
川那部浩哉・宮地伝三郎・森　主一・原田英司・水原洋城・大串竜一（1956）：遡上アユの生態—とくに淵におけるアユの生活様式について．京大生理生態業績，**79**, 1-37．
川那部浩哉・水野信彦・西村　登（1957）：アユは河床型をいかに利用するか—アユの密度と体長分布．日水誌，**23**, 430-434．
松田裕之（2000）：環境生態学序説．共立出版．
森　誠一（1988）：淡水魚の保護—いくつかの現状把握といくつかの提起．関西自然保護機構会報，**16**, 47-50．
森　誠一（1991）：わき水の魚・ハリヨの生活史．岐阜県南濃町教育委員会，p.77．
森　誠一（1997）：トゲウオのいる川—淡水の生態系を守る．中公新書，中央公論社．

見方の整理

プレマック（1997）：保全生物学のすすめ．文一総合出版．
森　誠一（1998）：自然への配慮としての復元生態学と地域性．応用生態工学、**1**, 43-50.
森　誠一（1999）：ダム構造物と魚類の生活．応用生態工学、**2**, 165-177.
森　誠一（2000a）：魚道の思想・機能評価・今後の魚道の在り方．応用生態工学、**3**, 151-152.
森　誠一（2000b）：必要な魚道・不要な魚道．応用生態工学、**3**, 235-242.
森　誠一 監修編（1998）：魚から見た水環境．信山社サイテック．
森　誠一 監修編（1999）：淡水生物の保全生態学．信山社サイテック．
水野信彦・川那部浩哉・宮地伝三郎・森　主一・児玉浩憲・大串竜一・日下部有信・古屋八重子（1958）：川の魚の生活．I．コイ科4種の生活史を中心にして．京大生理生態業績、**81**, 1-48.
鳥越皓之（1997）：環境社会学の理論と実践．有斐閣．
鷲谷いずみ（1999）：保全生物学．文一総合出版．

2

インタビュー：魚の生態からみた魚道と河川環境

水野　信彦・(聞き手) 森　誠一

　これまで我々人間は、様々な理由をもって河川環境を改変して、多くの構造物を作り、例えば魚類の生活に大きな負荷を与え続けてきた。最近は、そうした悪化した河川環境に対して、生き物の生活を配慮した発想で、まだ効果的かどうかは別としても、現代的な工法や設備が開発されるようになり始めた。

　本稿では、こうした自然への配慮事業としての『魚道』の今昔や、その今後の方向性について、長年にわたってわが国の河川生態学を牽引されてきました水野信彦先生のご意見をお聞きすべくインタビューをした。このインタビューは、水野先生の大変お忙しい中、ご自宅で数時間に及んで実施された。そこで収録されたテープをもとに、これまでの先生の著作物などを参考にしながら編集して作成され、次いで、その草稿を先生が目を通し加筆修正されたものである。私事ながら、先生のプライベート部分に関わる話も多くお聞きすることができ、私自身は非常に有意義な時間を過ごさせていただいた。更めて先生には、申し上げることができないほどの謝意を表したい。また、この訪問インタビューに際し、様々にご便宜いただいた竹門康弘氏(大阪府立大学)に感謝する。

(森　記)

見方の整理

2.1 私の自然観と魚道

⬜1 始めに、少々プライベートな部分に触れることを意図した質問でもあるのですが、先生ご自身の自然観の形成についてのお話をお伺いします。これは実は少々、個人的な興味もあるのですが、先生の自然との触れ合いや出会いの経歴を知ることも、魚道という人工構造物への基本的な考え方の大本を構成する上で重要な意味を持つことにつながると思いますので、よろしくお願いします。

『私の自然観の背景にはもちろん生態学があるわけで、この学問を志そうと思った直接的な理由は、森主一先生の集中講義を受けたことでしたね。その後、宮地伝三郎先生や川那部（浩哉）さんと出会い影響を受けたりして、本格的に生態学研究を始めることになりました。そのごく初期に、水中眼鏡を通して川魚を見たときの感激は今もよく覚えています。自分の足元に別世界の存在を実感したといえます。また、もともと家庭環境においても、特に兄弟で生き物に接する機会（例えば、野鳥観察、昆虫標本作り、魚釣りなど）が多かったこともあり、生きものの生態を研究するに至る素地が小さい頃からあったともいえますね。』

⬜2 これまで、そうした自然との出会いを体験なされ、かつ学問として生態学研究をされてきて、現状の自然と人の関係をめぐる先生の規準となるお考えを要約していただけませんでしょうか。

『極めて大まかにいえば、昭和30年（1960年）代前半までの自然と人との関係は、まずまず良好のように思えます。ですから、「文明は悪で、原始の自然に戻すべし」には反対で、高度経済成長が始ろうとしている頃の自然状態に戻すことを、一つの目安にしてはと思っています。もちろん、その頃にも例えば、移動の障害となるコンクリート製の灌漑用堰堤は各所に設置されていたし、平野部のM型の淵の多くは消失していたのを現認しています。ですから、昭和30年代前半というのは、あくまでも目安であって、河川環境の多様性に配慮しようとする現在の進んだ視点からすれば、「良くな

い」点も多々あるので、それらはどしどし改善すべきだということになるでしょう。』

3 目安となるべき自然像は昭和30年代前半までの状態、つまり先生が思春期から学生時代を過ごされた時期までにあるというのは何か象徴的な感じがいたします。もちろん、それは単に、その当時は自然の改変がそれほど進んでいないという事実ばかりでなく、先生ご自身の「原風景」がそこにあるということも意味すると思います。そうした原風景を、おそらく軸にされて先生は、これまで劣化した河川環境の改善（復元・回復）に向けての発言をされてこられたと思います。その改善策の一つとして、今回の特集テーマでもある魚道があるわけですが、先生とこの構造物との関わりにおける今昔について伺えませんでしょうか。

『私は40年あまり、淡水魚の生態を調べてきました。その中で淵の保全を問題にしている内に、S型の淵と落差工の関係に注目するようになりました（図2-1）。その関係とは、まず落差工の下手にコンクリート製の平板なタタキを設けるために、S型の淵が形成されないということです。もしタタキがなければ、S型の淵が形成されるという着想です。

魚がジャンプするところを水中で観察すると、かれらは水面下のやや深いところから斜め上方に向かって急速に泳ぎ、その勢いで空中へ飛び出すのがわかります。つまり、ジャンプには助走が必要なのです。堰堤直下の浅いタタキは、この助走を不可能にするために、ごく低い堰堤でも魚は遡上できなくなるわけです（図2-1）。逆に、直下にS型の淵が存在すれば、落差40cm程度の堰堤なら魚は楽にジャンプして越えていけます（しかしながら、空気中に体を曝すのは魚にはストレスになるようです）。その程度の落差ならば、特に遊泳魚にとって魚道は不要となるわけです。また、S型の淵は、下りの時にも落下衝撃による損傷が軽減される機能をもちます。私は、落差工におけるS型の淵の以上のような重要性を活用することを考えてきました。

この提案をある建設局で申し上げたところ、これは実現が容易である（M型淵の保全よりもはるかに低予算で実現可能である）ばかりか、治水上にも有利になるとのこと。これに力を得て、角を削ったらどうかとか、ジャンプの不可能な底生魚のためには、斜路の方がよいだろうとか、横断方向に水深・流速の多様性を持たせては、など様々

見方の整理

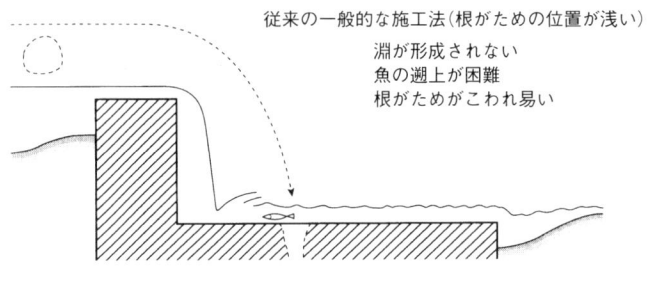

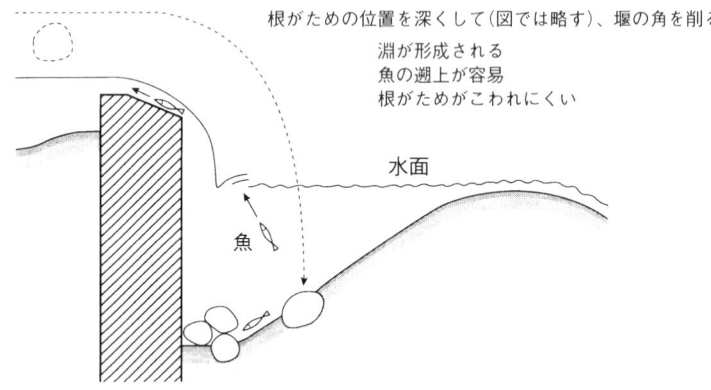

図2-1 従来の一般的な落差工(上)と直下にS型の淵を形成するように改善された案(下)（水野、1995）

に思案している内に、魚道の専門家とも交流するようになり、いつのまにか深入りするようになりました。』

[4] 先生が魚道に関わる契機として、魚の上・下移動におけるS型の淵の重要性に注目されたということは、河川生態学の歴史の中で意味深い出来事と思われます。この淵に対する見方において、川那部さんの発想が大きかったのではと推測されます。すなわち、単に淵といってもその形成過程は多様でいくつかの類型（図2-2）が認められ、それに応じて魚の生息状況も異なるという、まさに生態学的な視点を、先生は出発点とされていると位置付けられます。そうした出発点から魚道を見るのと見ないのとでは、魚道の今昔についても見方が随分異なると思います。

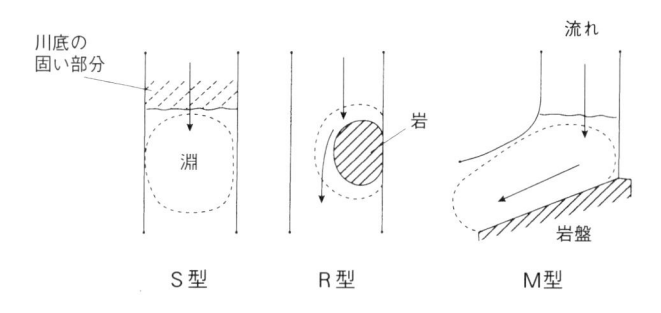

図2-2　淵の基本的な3型（水野、1995）

　『魚類の生態からみると、10年ぐらい前までの魚道には不満に思える点が多々ありました。以前の魚道の大部分は、ほとんど無効に近いと思えます。現在でも全てが満足と思えるところには達していないように感じます。川魚は、程度の差はあれ、上流と下流（海）あるいは本流と支流との間を移動しながら生育しています。その移動が阻害されることは、川魚の生活にとって非常にマイナスとなります。例えば、数十mという短い間隔で砂防ダムが建設されると、その間にいかに良好な瀬と淵が存在しても、大型の魚は気味が悪いほど生息していません。

　移動阻害を軽減するために、昔から各種の魚道が考案されてきたわけですが、しかし、構造・維持・管理などが不十分なために、その効果を十分に発揮していない魚道が多く認められます。現在まで機会あるごとに、私は魚道に関して意見を述べてきました。それらは技術的な問題も多少は含まれていますが、むしろ魚などの生態からみたときの基本的な考え方の方に重点を置いて発言してきました。ここ10年ぐらいは、かなりの工夫がみられるようになってきたと思います。実際に、効果を上げているものもあるようです。しかし、まだまだ工夫の不十分な場合が多い。特に、部分的な魚道の場合には、下りと維持管理に対して格段の配慮が必要であり、その点で不十分なものが多いように思います。そして、なにより問題なのは、追跡調査とそれによる評価がほとんど実施されていない（少なくとも、ほとんど公表されていない）ことです。』

見方の整理

2.2　生態学的視点

⑤　言うまでもなく、魚道は魚のためにあるべき施設と思いますが、この当然のようなことが、多くの魚道を見るとちょっとずれているのではないかという気がしてならないのですが。そうした魚道の現状は、設計上の問題ばかりでなく、魚道に対する見方にこそ原因があるように思えるのですが、この辺りの先生のお考えをお聞かせください。

『まったく、その通りです。わが国では、滝などの自然の障害物の下手側は、魚取りの絶好のポイント(好漁場)として利用され続けています。つまり、人間の便益や効用のために、落差の下手にある淵やよどみが利用されているわけです。この傾向は、ダムや堰などの人工の障害物についても認められ、良い魚道に対して下流側の漁民が不満を漏らす例があります。極端な例としては、改築前の堰には魚道が設置されていたのに、改築後の堰には、漁協の意見で魚道が設けられなかったこともあるんですよ。また、十年ぐらい前までの魚道は、アユとかサケとか、特定の有用魚種を対象にして設計されることが当然とされていました。つまり、日本の魚道は魚のためというよりも、漁業のために設計され設置されていたのです。しかしながら、これからは単に水産用ではなく、エビ・カニなども含めて魚のために良い魚道を考えていくことを基本としなければなりません。そのためには、まず第一に魚たちの生態を良く知ることが、どうしても必要となるのです(水野、1995)』

⑥　今、先生は魚道を計画する上で、魚たちの生態を理解することの重要性を指摘されました。具体的に、彼らの生態生活に対して配慮するために、最初に我々は何を確認しておく必要があるのでしょうか。

『そうですね。魚の場合、移動の種類によって、流量との関係が異なる場合があるので、移動の種類についてまず概説してみましょう。
　定期的な長距離の移動を「回遊」と言い、この回遊の分類には種々の用語が使用さ

表2-1　回遊の分類

海洋回遊	………………………	マグロ、ニシン、タラ
淡水回遊	………………………	陸封されたアユやハゼ類、カラシン(コイ目に類似)
通し回遊 { 遡河回遊	………………………	サケ類、ニシンの一種、イトヨ(遡河型)
降河回遊	………………………	ウナギ、アユカケ
両側回遊 { 淡水両側回遊	……	アユ、ハゼ類、カジカ類
海洋両側回遊	……	湾内に生息するハゼ類

れていますが、ここでは最も簡明な次の分類に従いましょう(**表2-1**)。海の中だけでの回遊を「海洋回遊」、淡水の中だけでの回遊を「淡水回遊」、海と淡水域との間の回遊を「通し回遊」と、まず3つに大別することができます。さらに、通し回遊については、淡水域で産卵して幼魚期を海で過ごす「遡河回遊」、海で産卵して幼魚期を淡水域で過ごす「降河回遊」、幼魚期の間に海と淡水域との間を往復してしまう「両側回遊」に3分される。両側回遊については、淡水域で産卵する場合と海で産卵する場合があるので、前者を「淡水両側回遊」、後者を「海洋両側回遊」とさらに2分することが、最近提案されています。

　日本での主要な例としては、遡河回遊魚にはサケ類やイトヨ、降河回遊魚にウナギとアユカケ、両側回遊魚にはアユとハゼ類などがあげられます。遡河回遊性のサケ類には、自分の生まれた川に戻る母川回帰の習性があり、種類によってこの習性の強さには違いがみられています。最も強いものでは、ほぼ100％の個体が間違いなく母川回帰するだけでなく、支流のそのまた支流の中の、自分の生まれた産卵場所さえ特定して戻る例のあることも知られているのに対して、両側回遊性のアユやハゼ類には母川回帰の習性はみられないようです。』

7　今お話いただいた、生活史の一部としての比較的長距離の回遊ばかりでなく、魚は日常的な短距離の移動をします。回遊という現象が種として一斉的な移動であるのに対して、日常的な移動は、いわば個体が経験する状況によって異なる比較的小さな移動といえます。これらはいずれも主に、流量との関連があげられると思いますが、魚道において魚に対するその影響はいかがでしょうか。

見方の整理

『回遊は一定の季節に行われます。例えば、アユやサクラマス・サツキマスの遡上は春に、サケの遡上やアユの降下は秋にみられます。このような場合には、大群を形成することが多く、群れを形成して遡上する場合には、一般に流量の大小は大きくは影響しないといえます。遡上の時期であれば、流量に多少の変動はあっても、群れで遡上していく。

一方、回遊時の降下には二つの例がみられる。サケ類の幼魚やアユ・ハゼ類の仔魚の流下は、流量の大小とはほとんど無関係に行われます。ただし、増水時の流量の大きいときの方が、流下する個体数は多くなる傾向があります。他方また、アユ（井口ら、1998）やウナギの親魚の降下は、増水時に集中的に行われます。ただし、この点については本格的に調査された例は多くなく、今後、学問的に検証される余地が大いにあります。

また、回遊とは無関係の移動も、河川では頻繁に行われます。遡上を終えて定住期に入ったアユも、群れで生活しているものにはねぐら（淵）と餌場（瀬）の間を移動するものがいます。アユと同じ両側回遊魚のボウズハゼでも、ねぐらと餌場の間が10m以上も離れている例が知られています。これらの例のように、回遊魚でも移動のシーズン以外には、ごく短距離の移動がみられるに過ぎません。しかし、それは普通の流量の場合であって、出水があると定住期にある回遊魚でも遡上を行うことが多いのです。

このような出水期における遡上は、回遊魚に限らず、淡水魚の多くにみられるようです。その理由は不明ですが、私は二つの原因を考えています。一つは、出水によって心ならずも（変な表現ではあるが）、下流へ運ばれる場合が生ずる。それへの予防か、運ばれた分を取り返すためか、あるいはその両方の意味を含んだ遡上です。もう一つの原因としては、水位が上昇すると平水時の障害物でも、岸寄りでは落差が減少し流れも緩やかで遡上しやすくなることがあげられます。出水時の前半は流れも激しく濁りも強いので遡上は困難でしょうが、出水時の後半になると流れも緩くなる上に濁りも低下する。その上、普段は水のない河道の両岸に落差の少ない通路が形成されるのですから、遡上には絶好のチャンスとなるわけです。普段の流量では移動をしない多くの淡水魚が、この時に集中的に遡上するのは、至極当然のことといえるでしょう。

これらから、平水時にも出水時にも、淡水魚が河川の中を上・下の両方向に移動していることが分かります。従って、理想的な魚道の備えるべき条件としては、遡上と

降下の両方に対して、平水時にも増水時にも安全かつ容易に移動できることと要約できます。』

2.3　部分的な魚道はなるたけ造らない方が良い

⑧　こうした魚の生活に関する生態を確認した上で、どのような性質の魚道を理想の姿とすべきなのでしょうか。具体的に先生が考えられている魚道のあり方や、基本とすべき考え方をお聞かせください。

『ここでは、魚道を「部分的」と「全断面」の2つに大別して考えてみましょう。「部分的魚道」というのは、障害物の横断面の一部に設置された魚道を指します。普通に魚道と呼ばれているのは、全てこちらにはいる(**写真2-1**)。これに対して、横断面の全体で魚などの移動に対応しようとするものを、「全断面魚道」と呼ぶことにします(**写真2-2**)。後者の外形や構造には、外観的には、従来型の魚道とみなしにくい面がありますが、とりあえずこのように呼ぶことにしたいと思います。

　部分的魚道の問題点としては、遡上魚を入り口へ上手く誘導することが課題である

写真2.1　設置位置が中央で、下流側に突出している不適切な部分的魚道

見方の整理

写真2-2　全断面魚道の一例（島根県）
丸太を差し込んだコンクリートブロックに自然石をはめ込んで、
中流域の早瀬に似た状態をうまく実現している。

と、これまで指摘されてきました。この点に関しては、呼び水を始めとする種々の工夫で、従来よりも格段に進歩してきました（ダム水源地環境整備センター編、1998）。また、誘導の方法の一つに、入り口以外の所には落差を付けて、進入を防ぐ方法があります。この落差を付けるための出っ張りは、その上手側に淀みを形成するので、下ってくる動物たちの工作物を越えての落下衝撃を緩和するためにも役に立ちます。従来、このような出っ張りは、計画河床高との関係から規制されていましたが、近年は、工作物の周囲の状況から、治水面での支障が認められない限り、出っ張りをつけることができるようになってきました。

　しかしながら、私は以下の理由で、部分的魚道よりも全断面魚道の方が優れていると考えています。従って、可能な限り、全断面魚道を設置して欲しいと要望しているところです。

　部分的な魚道の問題点として、まず第一に下りに対応しにくいことがあげられます。アユやハゼ類の流下仔魚は、平水時にも下る。その時の流れが全て魚道を通過している時には、問題は生じにくい。しかし、平水時にも魚道以外の部分を流れている場合には、これらの流下仔魚はそちらの流れでも下っていく。この魚道以外の流れでも下りに支障の無いような配慮が望まれますが、実際には無視されているのが実状でしょ

う。つまり、魚道の機能というのは、上り専用のように思われがちですが、特に、両側回遊魚の仔魚にとっては魚道を下って降海できるかどうかは生存上とても重要な意味を持っているのです。

　魚類の生態について前述したように、流下という現象は増水時にみられることが多い。「下りヤナ」の漁師たちにとっては常識になっていますが、この漁法での「下りアユ」や「下りウナギ」の漁獲量は、適当な出水がないシーズンとあるシーズンとでは文字どおり桁違いに相違してしまうと言われています。平水時にも下る前記のハゼ類の仔魚についても、出水時の流下の方が明らかに多いようです（流下仔アユの出水時の調査例はほとんど無いようです）。

　増水時には、部分的魚道以外の部分でも越流します。その場合には、その越流部分を下る個体数の方が、部分的魚道を通過するそれよりもはるかに多くなるでしょう。越流部分を下るものに対して、例えば落下衝撃による被害を防ぐなどの適切な処置が施されていない場合には、大きな被害を与えかねません。すなわち、下りに対しては、どうしても、障害物の横断面全体の構造を問題にする必要があるわけです。となれば、横断面の全体で上り下りできる全断面魚道にするのがより賢明と言えます。魚やカニ・エビの河川内移動には、上りと下りの両方がある。このことは自明の事実であるにも関わらず、従来は、ややもすると、上りの方に注意を奪われて、下りに対する配慮がおろそかにされがちであったように思われます。』

2.4　部分的魚道は維持管理が大変である

9　魚道の機能として魚類の上り移動ばかりでなく、下り移動への対応を考慮しなくてはならないご指摘は、確かにこれまであまり問題にされてこなかったと思います。部分的魚道はそれへの対応の悪さが決定的であるということですが、その他に問題点があればご説明いただけますか。

『部分的な魚道には、そのほかにも解決の困難な問題点が、少なくとも3つあげられます。第一に、部分的魚道は破損や埋没に弱い（**写真2-3**）。魚道のどこか一部が破損し

見方の整理

写真2-3　破損した部分的魚道の例
その上、堰上流部に寄り州がたまり、魚道には水が流れていない。

ても、致命的な影響が出やすいと思われます。部分的魚道は道路と同じようなものでしょう。道路は、高速道路から普通の道路、林道や畔道に至るまで、維持管理を忘れば使いものにならなくなります。部分的魚道についても維持管理は不可欠なのですが、過去においてほとんどが放置されていますし、今後も大部分の魚道については、放置状態が続くのではないでしょうか。第二に、たとえ破損していなくとも、部分的魚道の入口か出口に寄り州が付いたり、魚道にゴミや土砂が溜まったりすると、魚道に水が流れなくなります(写真2-3)。このような形で無効になった魚道を、私たちはごく普通にあちこちで見ることができます。

　上記は維持管理上の問題ですが、第三に部分的魚道は食害に対しても非常に弱いという問題点が考えられます。魚道の遡上に成功した魚たちは、狭い出口から出てきます。例えば、上流の湛水域で大いに生息するであろうオオクチバス(ブラックバス)などの魚食魚にとっては、この狭い出口の周辺は絶好の待ち伏せ場所となるでしょう。狭い入口についても同じことがみられています。つまり、部分的魚道の構造がオオクチバスに餌場として利用されるわけです。従って、場所によっては、この食害に対する有効な対策を施さないかぎり、いくら理想的な部分的魚道を設置しても無駄骨になりかねないのです。』

2.5　全断面魚道のすすめ

[10] 部分的魚道のこうした問題を解決するものとして、先生が提案されている全断面魚道の利点についてお聞かせください。

『やはり、部分的魚道は、無しで済ませられるものならば、一番良いですね。部分的魚道に対して、障害物の横断面全体を魚道にし、横断面全体で魚を上り下りできる全断面魚道(多段式と呼ぶこともある)にすれば、上記の4つの問題点も解決は容易でしょう。まず、下りの時にも、入り口を見つける必要はありません。上り下りの両方に配慮された全断面魚道では、流れに乗って下れば、ひとりでにかつほとんど無傷に通過できることになる。

また、全断面魚道では一部が破損しても、破損していない部分を移動すればよいですから、移動に対して致命的な影響を及ぼさないでしょう。同じことは寄り州についても言えますね。工作物の横断面全体に寄り州が付くことはありません(万が一でもそうなれば、そこから下流へは水が全く流れなくなる)から、全断面魚道の場合には寄り州が付いてもどこかには必ず水が流れています。ですから、魚類の移動は妨げられませんね。寄り州が付いてヤナギやツルヨシなどの植物が生育すれば、むしろ魚道全体の多様性が増大することになり、魚類の移動や生息はますます容易かつ安全になるでしょう。最後に、全断面魚道では部分的魚道よりも、入口や出口の幅ははるかに大きくなり、上ってくる魚を待ち構える捕食者にとってはポイントが絞りにくくなる効果をもつと思われます(写真2-2参照)。』

[11] 全断面魚道の利点を伺ったわけですが、その実際的な設置にあたり工夫すべき留意点などはあるでしょうか？

『設置に際し、強調しておきたい点があります。できることなら、魚道の両側は中央よりも浅くして欲しいのです。そうすると魚道の横断方向に、流量にかかわらず多様な流速と深さを持たせることができ、小形魚の安全な迂路を確保しやすくなります。

見方の整理

　また、出口部分の上縁（天端面）を広角の大きいＶの字型にすると、両側の浅所へは大形の魚食魚は進入困難となり、遡上中の小形魚にとっては浅所に安全な通路が確保されることになります。あるいは、植物の根や茎が張っているような所にも魚食魚は進入しにくいといえます。このような場所は、魚食魚に対する小形魚の絶好の避難場所になるわけです。全断面魚道の場合には、このような環境が自然に形成されやすいのですが、概して部分的魚道においては容易には形成されないように思われます。

　つまり、全断面魚道において横断形状を浅いＶの字型にすることにより、多様な水深と流速を、横断方向に形成できるわけです。どうしても水平にする場合でも、粗石を植えるなどして、そこの流れに多様性を持たせて欲しいものです。こうした工夫は、動物の側に選択の余地を与えるので、この形状の非常なメリットといえます。しかし、距離が長いと、深い方の流れが加速していき、時には横揺れを生じます。この横揺れは、遡上を極めて困難にします。従って、距離の長い魚道においては、途中に大きな休み場所を設置するとか、阻流板を適当な間隔で設けるなど、大きな加速と横揺れを生じさせない水理学的工夫が必要となるでしょう。

　幸いなことに、全断面式の魚道が各地で設置されるようになりました。また、それには、種々の工夫が盛り込まれていることが多いようです。ただ、部分的魚道に比較してコストが大きく、工事の手間もかかりがちです。その点、各種のブロックを組み合わせて手間のかからない方法で、全断面魚道を設置している例もあります（写真2-2参照）。また、風船堰（ラバー堰あるいはゴム堰）についても、多段式の全断面魚道をめざしての開発が進んでいるようですね。この方向での効率化を今後ともめざして欲しいと念願しています。

　ただし、可動堰の場合には、全断面魚道の設置は不可能とは言えないまでも、これまでは非常に困難と思われてきましたし、障害物の横断面の距離が大きい場合には、予算的に設置が困難になると思われます。しかし、そのような場合にも、全断面魚道の原理をなるたけ生かすように努力していただきたいものです。』

2.6　欧米での多自然型魚道の試み：自然という手本

[12] その反映させるべき原理は、先に「魚道という構造物ありき」ではなくて、「魚という生物の生活ありき」という生態学的な視点に負うているかと思います。近年、先生のような視点に沿った形で、欧米では魚道への試みについて大きな変化が生じつつあると見聞しますが、その点をご紹介いただけませんか。

『大きな変化を感じますね。それは革命的ともいえることで、「多自然型魚道」と呼ばれ、大きく3つのタイプに分けられています。はじめはドイツで工夫されたらしいのですが、後にはヨーロッパ全体の委員会でも採用されました (Cowx and Welcomme, 1998)。この考え方に立つと、従来の部分的な魚道は、すべて人工的な魚道として一括されてしまいます。多自然型魚道と人工的な魚道を比べれば、前者の方が基本的にはベターであると、はっきり明言されています。

多自然型魚道とは、自然の川の形、特に渓流の形を手本にしています。魚はそこを通過しても良いし、そこに住み付いても良い。要は、そこが人工的な魚道であると魚に思わせないようにするのです (ドイツ水資源・農業土木協会編、1998)。この原理に従えば、従来の部分的な魚道が、自然の川の姿からあまりにもはずれた人工的な形態であることは、誰の目にも明らかです。渓流の形を手本にするので石組みが重要となり、そのための計算式も示されています。

ただし、日本の渓流の石組みと、そこでの魚の移動の様子を見ている私としては、石組みの間に生じる「狭いVの字型の流れ」をもっと重視して欲しいと思います。しかし、嬉しい点もあります。ヨーロッパの委員会が発行した本 (Cowx and Welcomme, 1998) の中では、多自然型の魚道を全断面魚道として活用している例が明示されているからです。多自然型魚道というのは、川の自然の形を手本にしているのですから、全断面式という考えに結びつくのは至極当然の帰結といえます。』

見方の整理

2.7　魚道の設置に至る位置付け

13 これまでは、先生が魚道と関わりあってこられた経験に基づいて、その構造上のあり方を中心にお話いただきました。特に、部分的な魚道には共通の問題点があり、全断面式が望ましい理由とその具体的提示をしていただきました。ここで現状の魚道に対する先生の思想（魚道を設置するに至るまでの基本的ストーリー）をお聞かせください。

『思想といえるほどではないかもしれませんが、まず「堰やダムなどの障害物があれば（部分的な）魚道をつける」と直結させずに、①障害物の必要性から問題にし、もしそれが必要ならば、②障害物の形そのものを魚類などの移動（上り・下り）の障害にならないように工夫し、それも駄目ならば、③全断面式の魚道を考え、それも困難な場合に初めて④その障害物に対してできるだけ有効な部分的魚道を考慮すべきではないかというのが、私の魚道設置に対する基本的なスタンスです。最後の部分的魚道の場合には、繰り返しになりますが、下りと維持管理についても（また、場所によっては食害についても）配慮する必要が大事です。

　従来の河川改修では、落差を伴う人工物がいろいろ設置されましたが、それが行政や一般住民の認識として変化しています。例えば、潅漑用の固定堰には、現在使わなくなった不要になった物がある。将来も使用しないことが判明しているときには、この撤去を考慮できるはずです。その上、近年の農家は水路の管理負担を軽減するために、水路（従って堰堤）が不要であるポンプアップの設置を希望することが多くなっているようです。この場合も、堰の撤去が可能でしょう。

　ただし、ここでいう撤去は、撤去そのものが目的ではなく、動物の移動の障害にならなくすればよいわけです。従って、撤去の最終段階でも、岸よりの部分や根本に近い部分は残しておいても良い場合があります。また、撤去を考慮する際に重要なことは、一度に全体を撤去しなくとも良いことです。2～3段階に分けて、上流側の河床の変化を見ながら、徐々に撤去を進めればいいのです。例えば、障害物の中央付近の一部を除去して、上流の堆積物の動きを監視しながら数年後にさらに作業を進めるとい

うことですね。

　さらに、これまでは、例えば河川と用水路と水田の間に、簡単に落差を形成させていましたが、それを改めて、できるだけ落差を無くす（例えば、短い斜路にするなどの）工夫をしていくべきでしょう。また、建設省（現国土交通省）が、落差工の設置を原則的にできるだけ止める方針を示したことは、魚たちにとっても非常にありがたいことですね。

　いずれにしても、落差の大きい横断的な工作物はなるたけ造らないようにすることを、まず模索するべきではないかと思っています。これについては解説の必要もないでしょう。大きな落差ができてしまう場合には構造上、落差を分割して多段式（あるいは斜路式）にすることが重要ですね。また、スリット式の砂防堰堤も、その落差を少なくする方法の一つと思います。』

|14| 先生は、魚道を不要にする工夫を、まず考えられています。そのお考えは、自然を真似ることから始めるべきという態度を反映しているといえます。また、堰そのものの撤廃も有り得る、このことを自然への配慮事業として選択肢の中に入れておくべきという、これまでの河川管理者が聞いたら驚くようなことを、実際に言ってこられました。

『少なくとも落差工のような落差の小さい障害物の場合には、魚道がなくても、工夫次第で魚を遡上させることができると考えます（図2-1下）。それにはまずS型の淵について知って頂く必要があります。S型の淵が最も明瞭にみられるのは、大きな滝の直下です。つまり、滝壺そのものがS型の淵に他ならないのです。ただ、落差数十cmぐらいのごく小さな滝でも、良くみると、その下手には大なり小なり、S型の淵が存在します。従って、小さな滝の連なる上流域では、S型の淵も連なることになり、それが渓流独得の景観を与えているのです。ここで重要なことは、そうした渓流の落差は魚や動物たちの移動をほとんど阻害していないと言う点です。

　一方、近年の上・中流域における河川改修後の姿をみると、河道が拡幅・直線化された区間には、落差工が設置されている場合が多いですね。大抵、その堰の直下の浅い位置にはタタキがあり、落差工の一部のどこかに魚道が設けられています（写真2-1）。

見方の整理

設置場所が中央にある場合、魚やエビ・カニの遡上にはほとんど役に立ちません。彼らが遡上するときには、ほとんどの場合、岸沿いの浅いところを選んで下流から上ってくるために、魚道の入り口を発見できないからです。

　落差工直下のタタキを浅い位置にではなく、深い位置に設ければ、増水時の激しい水勢によって、S型の淵が落差工直下に形成されかつ維持される筈です。このS型の淵の重要性は最初の方でも述べましたね。また、その時に掘られた土砂の一部が、淵尻に小山のように堆積しますから、小山の下手側には早瀬が形成されるでしょう。その小山は堰のような働きをもち、上手側の水位を高めますから、淵の水深を大きくすると同時に、落差工の落差を小さくすることになります（写真2-4と図2-3）。直下に淵が存在すれば、落差40cm程度の落差工なら魚は楽に越えていけます（図2-1下参照）。落差が小さいほど越え易いから、堰堤の下手側の角を削ってやれば、魚の遡上は一層容易にもなります。

　さらに前述したように、落差工の上面を同じ高さにしないで、中央を低くして、岸側がやや高くなるように勾配をつけてやると、中央から岸にかけて、落下する水の勢いに差をつけることができます。大小様々の魚（それにカニやエビも）は、好みの水勢のところを選んで遡上することが可能になるわけです。すなわち、これは全断面魚道の原理に基づいていることがおわかりでしょう。』

写真2-4　全断面魚道のもうひとつの例（京都府宇川）
約1mの水面落差があった堰には手を加えないで、堰下流に岩などでマウンドを作り、堰直下を淵にしてある。淵の水位が上昇し、堰の落差が半減したので、堰のどこからでも遡上・降下が可能となった。

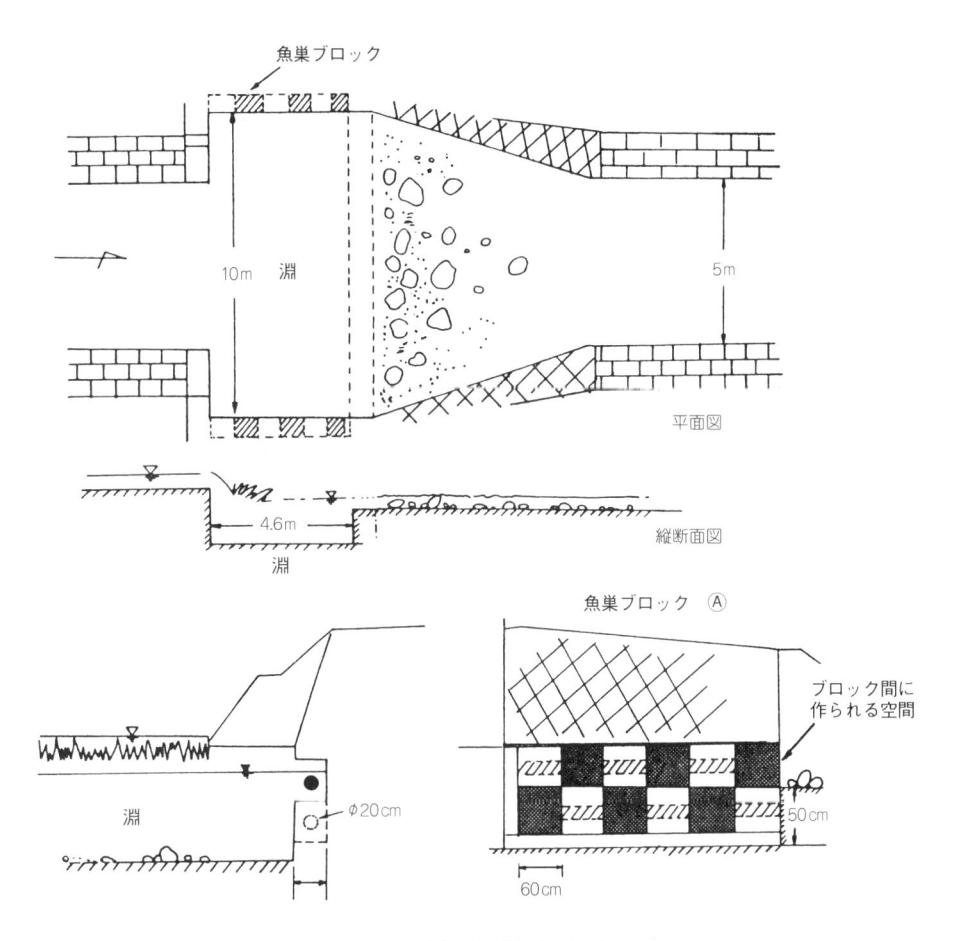

2 インタビュー：魚の生態からみた魚道と河川環境

図2-3 全断面魚道の他の例
　堰直下に淵を形成させて魚のジャンプを可能にしたので、横断面のどこからでも上がり下がりできる。淵の両岸には魚巣ブロックが設置されている。

見方の整理

15 そのような魚道不要の横断構造物の実現例があればご紹介ください。

『具体的な例として、長野県大町市を流れる農具川(正確には下部農具川)における事業が、その一つだと思います。この川は、圃場整備事業による水田地帯の区画整理のために、ほとんど直線化されました。初期の河川改修が終了した頃、その浅く平坦化された川の姿を見た地元の北安中部漁協が、魚と漁業への打撃が大き過ぎるとして、工事実施者である県に改善方を強く要望しました。県の土木事務所と水産試験場、漁協、地元の学識経験者などによる協議会が結成されて、漁場保全のための種々の工作物が設置され、県の水産試験場によってそれらの効果判定のための調査が続けられました。落差工を利用して作られたS型の淵も、それらの工作物の一つで、現在までに4カ所に設置されています(**図2-3**と**写真2-5**)。
　川幅5mに対して落差工の部分は10mに広げられ、はみ出した部分が淀みを形成しています。コンクリートの根固めは深い位置に設けられ、下手で床上げされて、淵の

写真2-5　長野県：農具川における全断面魚道
図2-3の図面にもとづいて設置された。

形成を助けているのです。この床上げによる水位の上昇で、落差工の落差は20〜30cmと低く押さえられ、魚類の全断面での遡上を可能にしています。また、淀みの両岸には、口径20cmの円筒状の穴を持つ魚巣ブロックが、交互に空間を作るように組み込まれています。魚巣ブロックの設置場所としては、よく考えられていると言えるでしょう。

　長野県水産試験場の調査によると、この淵が4カ所形成されている区間（落差工区と呼ばれている）には、ヤマメ・アユ・ウグイ・オイカワ・ウナギなど多くの魚種が生息し、その生息量も多いといいます。この川は、木崎湖を水源にしているために水位の変動が小さく、流域は洪水の被害を受け難く、河川管理者側としても、河道内における種々の工作物の設置を比較的認め易い川であると位置づけられます。ここで続けられている漁場改善のための種々の試みとその追跡調査の成果には、大きな期待が寄せられています。』

|16| 今、お話に出た農具川に、かつて私自身も水産庁にいる友人と見に行った覚えがあります。先生が言われるように正確に理解はできませんでしたが、確かに、落差工を利用して作られたS型の淵が単調な直線河道において機能していて、なるほど自然に配慮した形になっていると思ったものでした。では、ここで魚道の設置を避け得ない場合を想定したとき、階段式魚道の中でも比較的優れたものがあればご紹介いただきたいのですが。

『四国の吉野川の中流にある池田ダムの呼び水式魚道は、余りにも効果的なので、下流の漁業協同組合から文句が出るほどだと言います。また、滋賀県知内川の下流にある潅漑用堰堤には、水産庁の補助で階段式の全断面魚道が設置されています。呼び水を使えないような小規模の堰には優れた魚道と言えます。

　階段式ではありませんが、次ぎの魚道には感銘を受けました。高知県の仁淀川漁協は、八田堰の魚道を改善する際に、各地の魚道を視察したそうです。しかし、どれもその効果に疑問を持ち、結局自然の早瀬は魚類の移動を阻害しない点に着目して、横断方向に勾配を変化させた斜面に大石を多数埋め込むいわば「早瀬風魚道」を設置しました。また、同じ仁淀川の支流上八川川では、床止め堰堤の直下に多数の岩を組み込んで、Aa型域の早瀬に類似させた全断面魚道を設けています。』

見方の整理

2.8　ダム湖と魚道

|17| これまでは、落差の比較的小さい堰堤における魚道のあり方についてお伺いしました。次に、落差の大きいダムにおいて魚道の必要性や基本的考え方についてお話いただけましたらと思います。この質問は、そもそも魚は高いダムに設置された魚道を上っていくことができるかという疑義に依ります。また、可能とすれば、ダムに魚道を設置することに問題はないのでしょうか。

『魚道設計の専門家によると、適当な間隔で休息の場所を設けてやれば、落差が数百mのダムに対しても、魚を遡上させることは可能であるといいます。実際、魚を無限に循環させる魚道模型を作成して、それを実証した例もいくつかあるようです。螺旋状の道路を垂直に立てて回転させると、水を下から上に汲み上げることができるようです。この設備を使えば、魚が移動しなくとも、水と一緒にダムの上に遡上させ得るとも言われています。魚は一カ所に静止していてもいいので、これはエレベータ式の魚道の変形とも言えるでしょう。従って、落差の大きいダムに魚を遡上させること自体は、技術的には余り大きな問題はないようです。問題なのは、そのような魚道を利用して、ダムの直上に遡上した魚がその後どうなるかという点です。

　例えば、長良川の河口堰が計画されたときに、漁業補償のための大規模な調査が実施されました。その調査の一環として、理想的な魚道を開発するための種々の実験が行われ、日本での魚道研究に大きな進歩をもたらしました。嬉しいことに、その時すでに、魚道を遡上した魚が、長大な湛水域を支障なく通過するかどうかが問題視されたのです。そのために、ある2カ所のダム湖で、アユ幼魚を使っての放流実験が行われました。その結果として、十数kmの湛水域であれば、ダム直上に放流されたアユは、かなりの割合まで数日以内に流入河川にたどり着けることが実証されました。ただし、これは30年ほど前の実験であり、当時のダム湖にはオオクチバスやハスなどの魚食魚は生息していませんでした。ところが、近年はほとんどのダム湖に特にオオクチバスが分布しています。ですから、あるダム湖では、前述したように部分的な魚道の入口と出口の周辺にオオクチバスが集まって、遡上中のアユを大量に捕食しているといい

ます。このことは構造物としては理想的な魚道であっても、場合によってはあまり機能しないものになってしまうことを意味します。

　急勾配の谷間に形成される一般的なダム湖の場合には、魚食魚対策という機能ももつように湖岸に浅所を設けることは非常な困難を伴うでしょう。さらに、下りの時に、ダム湖の魚道の入り口に魚たちを無事に誘導することは非常に難しいし、その降下魚が小形である場合には、やはり食害対策が必要となります。このように、大きな湛水域を持つダム湖の場合には、湛水域の中での移動について種々の問題点が指摘されています。そのために、アメリカ合衆国やカナダなどでは、ダムの下流で遡上魚を採捕し、トラックでダム湖上流の流入河川まで運搬し、降下魚は逆に流入河川で採捕して、トラックでダムの下流まで運搬しているといいます。魚道を設置するよりも、この方が有効と判断しているわけです。』

18　ダム湖には陸封化あるいは淡水化する回遊魚（例えば、アユ、サクラマス、ヨシノボリなど）がいます。こうしたダム湖を生活の場とした魚にとって、ダムに魚道はどのような意味を持つのでしょうか。

『琵琶湖と鹿児島県の池田湖には昔から陸封性のアユが分布していました。大正から昭和初年にかけて試行された琵琶湖産陸封アユの河川への放流事業が劇的な成功を収めると、各地の湖へ放流して陸封アユを形成させることも試行されました。その結果として、いくつかの湖では戦前にすでに定着に成功し、量の多少はともかくとして、陸封アユの繁殖がそれらの湖で現在も続いています。

　一方、戦後になって、国内のダム湖でも陸封アユの形成される事例が知られるようになりました。中には春になると、数万尾あるいは十万尾以上もダム湖から流入河川に遡上したことがあり、地元の漁協は放流用種苗として採捕販売して、大きな利益を得た例も多い。ところが、自然の湖とは違って、ダム湖の場合には大量に遡上する期間は数年にとどまることが多いのです。十年以上継続して大量遡上のみられるのは、鹿児島県の鶴田ダム湖のみです（愛媛県の野村ダム湖もこれに近づきつつある）。天然湖とダム湖の間の、この相違が何に由来するかは明らかではありません。ダム湖の中にも、陸封アユを生じないものがあり、その理由もまだ未解明のままです。

見方の整理

　しかし、これらの問題を別にすれば、天然湖でもダム湖でもアユの陸封化が生じることは、明らかです。また、遡河回遊魚のサクラマスが、東日本のダム湖のいくつかに陸封されていますし、西日本の少数のダム湖には、サツキマスが陸封しています。さらに、アユと同じ両側回遊性のハゼ類は、天然湖やダム湖のみならず、ごく小さな庭池や溜池等にも陸封されています。このように回遊魚の中にはダム湖に陸封される種がいるので、こうした場合はダムに魚道を設けて遡上させることを考えるよりも、この陸封魚の生活をまず配慮してやった方がいいことがあります。』

19　まだまだ、淡水魚の生態には謎の部分が多いということですが、それは私も魚類の生態を研究している者として痛感いたすところです。また、先生の、ダムにおいては遡上や降海する魚のための魚道という配慮よりも、陸封魚の生活への配慮をするというご指摘は大変興味深い発想です。ダム湖で陸封された魚への配慮として、私たちはどのようなことに留意しておくことが必要でしょうか。

『ダム湖に陸封化した魚にとっても、重大な問題があります。ダム湖に生息する魚類の多くは、陸封魚も含めて、流入河川に遡上して産卵する傾向があります。従って、ダム湖と流入河川との間には移動の障害となる工作物をできるだけ設けないことが肝要となります。しかし、ダムの建設以前に砂防堰堤の設置されていることが多く、また近年は、堆砂を抑制するために副ダムを設けることもよく見られます。このような障害物には、できるだけ良い魚道を設けて欲しいのですが、困ったことに、多くの場合それが非常に困難なのです。なぜならば、これらの工作物は、流砂を堆積させるのが主目的なので、工作物の上手が砂で満杯になれば、水は伏流して、表層の流れが消えてしまうからです。たとえ、工作物の上まで遡上させても、その上手に水がなければ、魚たちは文字どおり立ち往生するだけとなります。この難題に対しても、効果的な解決策を是非とも考案して欲しいものです。』

2.9 魚道の評価と今後

[20] 今、施工する側へのご要望がいくつか出されました。そこで最後に、先生が望まれる魚道という構造物を施工するに際して、今後の向かうべき方向性についてお話し願います。

『魚道機能の調査以前に、まずもって、どのような動・植物が、河川をどのように上下に移動・分散しているのか、実態を調査する必要があります。そして魚道設置後には、とにかく追跡調査を実施することが大事です。それを積み重ねることによって、調査方法が改善され、評価法も確立していくのではないでしょうか。さらに、魚道を設置するときに、追跡調査に必要な構造（トラップ用の枠など）や有効な施設（観察用の階段や自記カウンターなど）を最初から組み込む必要があるように思いますね。

また、わが国の従来の魚道はほとんどがアユかサケ・マス類のためのものであったと言えます。これらは遊泳力の比較的大きい魚類です。しかし、川の中には遊泳力の弱い動物も多数生息しています。その代表は、川底を這って移動するハゼ・カジカ類やエビ・カニ類でしょう。これからの魚道は、これらのもの達の移動をも阻害しないよう配慮されることが必要ですね。ですから、魚・エビ・カニの全てが遡上可能であり、かつ降下も容易であるような魚道が、今後のあるべき姿ではないでしょうか。実際に、近年の魚道研究も、これらの水生生物をスムースに遡上させる面に目が向けられるようになってきました。その点では、上流のAa型域の景観に類似させた魚道は非常に優れていると言えます。階段状の岩組が強弱様々な流れをつくりだすので、魚・エビ・カニ達は、それぞれ自分達に適した流れを選べるからです（写真2-6）。たとえ全体としての水位が変動しても、同じことが行われ得ますからね。

最近では次第に、河川は漁業・遊漁だけでなく、リクレーションの場としても重視される傾向がますます顕著になっています。そこで部分的魚道がどうしても必要な場合に限ってのことですが、その魚道に魚が集中するので、遡上の様子を目撃しやすくなりますね。それをうまく利用して、地域の方々に魚の移動の様子を知ってもらうような設備を、魚道とその周辺に整える（魚道公園のように）のも、川と親しむ機会を増

見方の整理

写真2-6　上流(Aa型)域の景観に似せた魚道
全断面魚道であると同時に、多自然型魚道にも近づいている（高知県：四万十川の一支流）。

やすことになり、それもまた魚道の一つの機能を高めることになるといえるでしょう。』

本稿は、「応用生態工学、**3**, 209-218（2000）、特集：魚道の評価 — 魚の生態からみた魚道の見方（インタビュー）」に加筆修正を加えたものである。

引用文献

Cowx, I. G. and Welcomme, R. L.（1998）：Rehabilitation of rivers for fish. Fishing New Books, FAO.
ダム水源地環境整備センター編（1998）：最新魚道の設計．信山社サイテック．
ドイツ水資源・農業土木協会編（1996）：多自然型魚道マニュアル（中村俊六　監訳、1998）、リバーフロント整備センター．
井口恵一朗・伊藤文成・山口元吉・松原尚人（1998）：千曲川におけるアユの産卵降河移動．中央水産研究所研究報告、**11**, 75-84.
水野信彦（1995）：魚にやさしい川づくり．信山社サイテック．

生態を知る

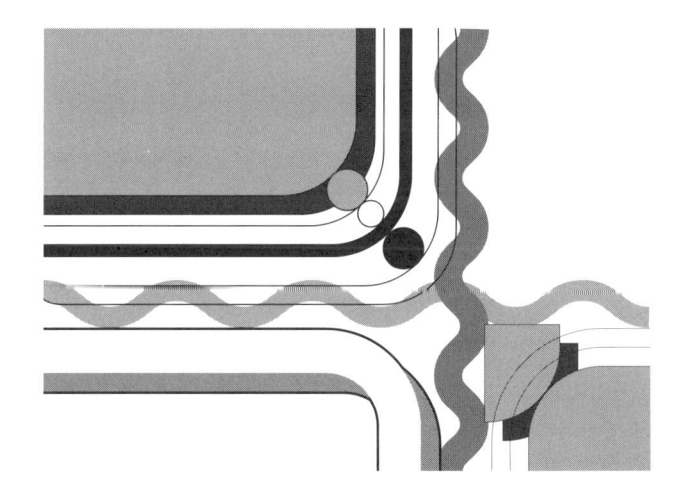

3

ウシモツゴの生態的現状と移植の可能性

大仲　知樹・森　誠一

　ウシモツゴ*Pseudorasbora pumila* subsp. sensu Nakamura (1963) は日本固有のコイ科の淡水魚（口絵③参照）で、愛知、岐阜、三重、静岡などから分布の報告がされている（中村、1963；中村、1969；内山、1989；細谷、1993；前畑1996；河村・細谷、1997；大仲ら1999）。しかし、本亜種は近年急激に減少していることが指摘され（細谷、1979；内山、1989など）、現在の生息地は愛知、岐阜、三重の山間いの一部の溜め池などに局所的に限定されている（図3-1）。そのため1991年に環境庁によって絶滅危惧種（環境庁、1991）、1999年には絶滅危惧種IA類（環境庁、1999）に指定され、早急な保護対策が必要とされている。しかし、現状では保護対策に必要な本亜種の生態に関する知見は著しく乏しく断片的な報告があるだけで、ある一定期間継続して行われた生態調査の報告はない。そこで筆者らはウシモツゴを1年間連続採集法により採集と放流を繰り返し行い、本亜種の体長分布を調べた。さらに生息環境調査や地元住民への聞き取り調査などによって得られた。

3.1　調査地と調査方法

　調査は1998年の10月から1999年の9月まで、愛知県犬山市の溜め池で行った。周辺には2箇所でしか生息が確認されていない。本調査地は山間から出ている湧き水をせき止めて作られた潅漑用の溜池で堰とその周辺はコンクリート護岸となっている。堰は下流の農業用水路との落差が5mほどあり、比較的急勾配である。水深はほぼ年間を通して最深部で約2mあるが、調査期間中の9月には約80cmほど水位が下がった。水底

生態を知る

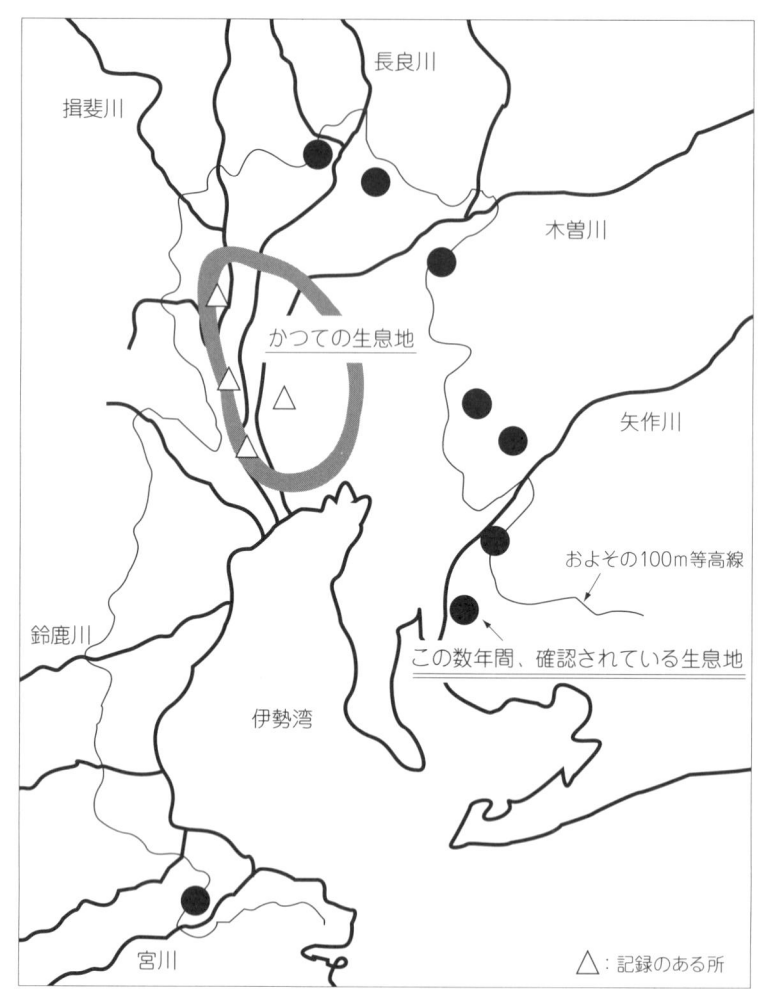

図3-1 ウシモツゴの分布

は砂泥で池の西側の一部には岩盤が露出し、そこから崩れ落ちた石や、周辺の雑木林からの落ち葉や流木が堆積している（**写真3-1**）。池の東側の一部には抽水性の植物が繁茂している。

調査は月に一回ずつ合計12回、10時から15時の間に行った。採集にはサナギ粉を入れた網モンドリを用い、30分から3時間で回収した。網モンドリはそれぞれ池の周辺

写真3-1　ウシモツゴの生息地の岸
こうした石面に着卵し、産卵床として利用している。

に置き、98年10月には2地点、11月には5地点、12月から7地点にし、以後定点7個で採集した。本調査地の一部には網モンドリの設置しにくい場所があるため、等間隔には設定できず、7定点は場所により10～100mほどの間隔になった。各地点の網モンドリは水位変動の上下にかかわらず水深約30～50cmに位置させたため、80cmの水位減少があった9月にはそれぞれの定点が通常より池の中心部によった。網モンドリは回収後、採集魚種とその個体数、ウシモツゴについてはさらに体長を記録し、その後池に放流した。体長はノギスで精度1mmまで計測し、水温は毎回、定点で計測した。同時に、付近の住民に聞き取り調査も行った。

生態を知る

3.2　採集魚種と放流

　調査期間中ウシモツゴのほか、カワバタモロコ*Hemigrammocypris rasborella*、メダカ*Oryzias latipes*、アメリカザリガニ*Procambarus clarkii*が同時に採集された。ウシモツゴは延べ1,103尾採集され、1998年9月に385尾と最も多く、水温が6℃以下になった99年1月と2月には全く採集できなかった（図3-2）。期間中の最低水温は2月に5.7℃、最高水温は7月に30.8℃示し、ウシモツゴの月別の採集量は10月以降の水温下降にともに減少し、3月以降の水温上昇とともに増加する傾向が見られた。カワバタモロコは主に5月から9月に多く、延べ1,411尾、メダカは主に8月と9月に多く、延べ241尾となった。アメリカザリガニが採集されたときは、一緒に入っていた一部のウシモツゴは食されていた。また、調査地には30〜50cmのコイ*Cyprinus carpio* ver. が約10尾目視できた。

　地元住民に聞き取りをしたところ、以前よりコイやフナを池に放流することがあり、今回確認したコイは98年に約70尾放流されたものである。また調査期間中には確認ができなかったが、コイと同時にフナも20尾ほどの放流が行われたらしい。その他、

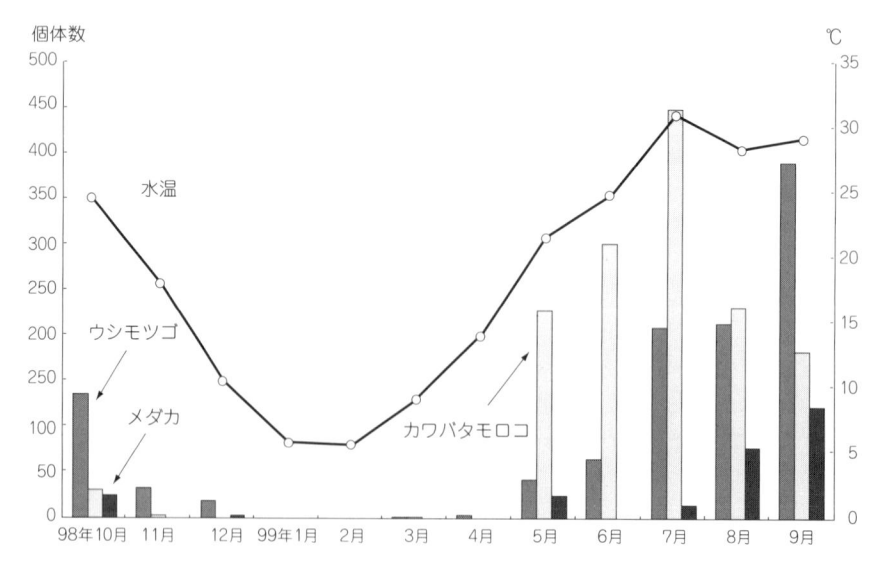

図3-2　ウシモツゴ、カワバタモロコ、メダカの採集個体数と水温の月別変化

1960年代から1970年代くらいまで魚の放流とかいぼりによる採集が行われており、その際にウナギ、モロコ類、コイ、フナ、ドジョウなどが放流されていたとの情報を得ることができた。これらを池に放流後、餌などを適宜与え、かいぼりで採集後、佃煮などにして売ったり、家庭で食したりしたらしい。しかし、これらの魚の元の生息地について確実な情報は得られなかった。

3.3　生　態

1）体長分布

　採集したウシモツゴの体長を5mm毎に分け、体長分布の推移を図3-3に示した。なお20mm以下の幼魚はまとめて扱った。10月は21mm以上60mmまでの個体が採集され、採集された全尾数134尾のうち41〜45mmまでのが55尾と全体の40％以上採集された。11月には31mm以上50mmの個体が32尾、56mm以上60mm以下の個体が1尾採集された。12月は26mm以上30mm未満の個体が1尾、34mm以上55mm未満の個体が19尾採集された。

　ウシモツゴが全く採集できなかった1998年1月から同年2月までは、最低水温を示していたことから本亜種の活性が鈍り、約3時間の網モンドリ採集では十分な集魚効果がないと考えられる。本調査のあとに行った調査では、同様な低い水温でも網モンドリを3日以上設置し続ければ、少数が採集できることを確認しているため、全く摂餌をしていないのではなく、水温低下のため積極的な摂餌ができないのであろう。99年3月、4月は合計10尾未満と少なく、3月に41mm以上45mm未満の個体が1尾、4月には34mm以上50mm未満の個体が合計5尾採集された。水温が20℃を越えた5月は26mm以上50mm未満の個体が44尾採集された。6月には当歳魚と考えられる20mm以下の個体が1尾採集され、31mm以上60mm未満の個体が64尾採集された。

　その後、20mm以下の個体は7月に全採集個体数206尾のうちの64尾で31％、8月には全採集個体数210尾のうちの106尾で50％、9月には全採集個体数385尾のうちの238尾で62％と、7月から9月にかけて個体数が急激に増加した。21mm以上35mm未満の個体数は、7月に全体の9％、8月には23％と増加したものの、9月には4％と減少した。

生態を知る

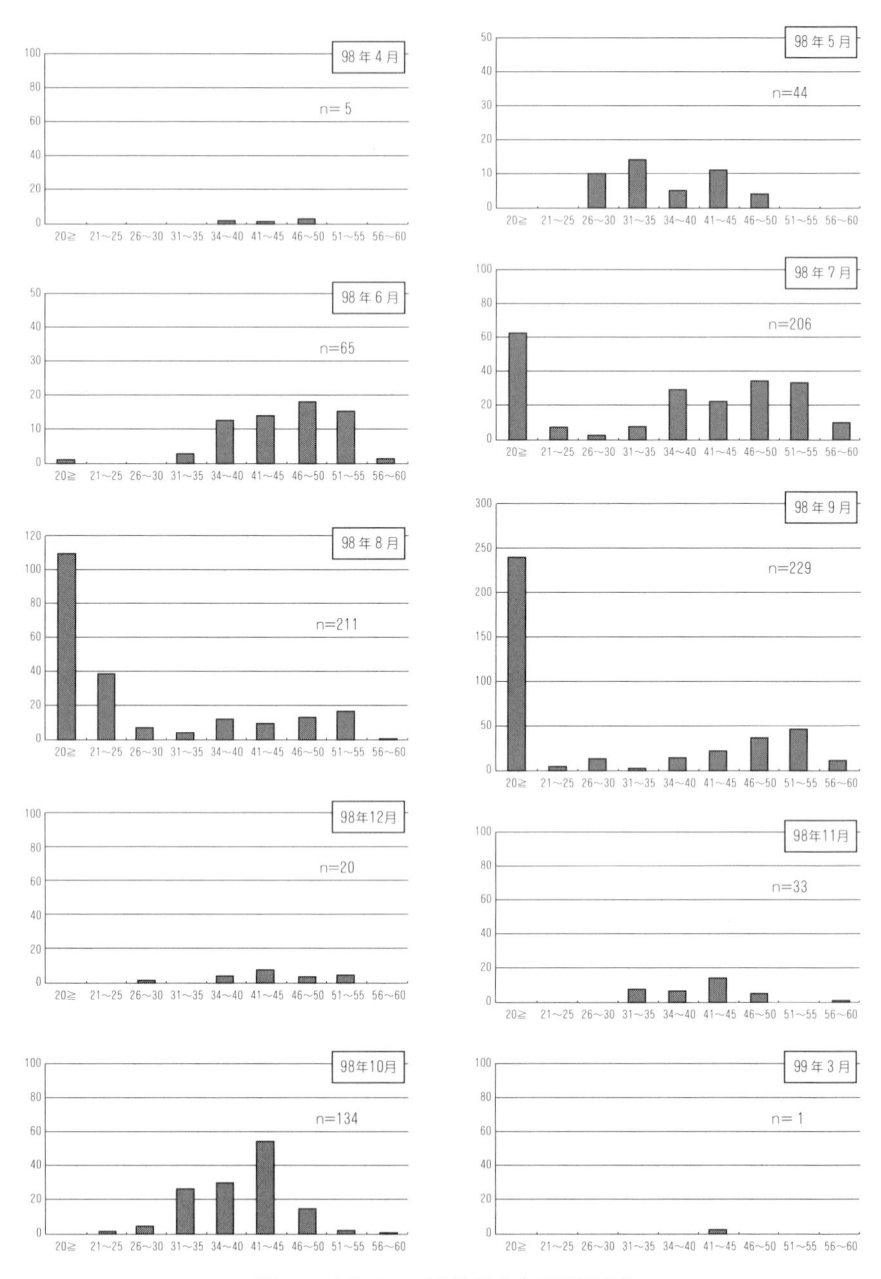

図3-3 ウシモツゴの体長分布の月別変化

写真3-2　ウシモツゴの雄(上)と雌(下)

2）繁殖期

中村(1969)は基亜種のシナイモツゴについて、全長23mmに達するまで孵化後74日経過したと報告している。98年6月から9月にかけて採集された体長20mm以下のウシモツゴはその年に生まれた当歳魚と考えられた。この大きさになるまで前述の報告から推定すると孵化後2ヶ月半から3ヶ月くらい経過していたと予想され、これを適用すると本亜種の繁殖期は4月上旬から7月上旬までの間と考えられる(写真3-2)。6月中旬に、枯れ枝に産着卵を確認した。これらの結果は中村(1969)の報告と一致した。

3）成長と生存

7月から9月にかけて、20mm以下の当歳魚と考えられる個体が多数出現した。しかし、21mm以上35mm未満の個体数は8月に一時的に増加したものの、9月では減少している。当歳魚は8月から9月にかけ大量の死亡がある可能性が示唆された。

この減少理由について初期減耗と池外への流出の2点が考えられた。一般的に魚類は淘汰戦略を取り、成長の早い段階で多くが死亡する初期減耗しやすく(岩井、1995など)、その程度については魚種や生息環境など様々な要因によっても異なる(古田、1999；Nakai *et al*, 1962)。バラタナゴ *Rhodeus ocellatus* では貝からの泳出後、半年間で70％の死亡率が報告されている(長田、1985)。初期減耗の原因については、高密度に

よる餌の不足、他の生物の捕食、疾病などが考えられる。一方、水生植物が繁茂するような岸近くの浅い水域は生物の生産性に富み、構造物による隠れ場所が多いため、生長に十分な餌を必要とし、捕食にさらされる危険の高い仔稚魚にとって重要な生息場所である(山本・遊磨、1999)。渡辺(1999)は秋に浅瀬で本亜種の幼魚が採集できたことを報告している。そのため本亜種の幼魚も他のコイ科魚類と同様に、豊富な餌と隠れ場所を求めて岸辺に多く生息すると考えられ、雨後の増水などで堰付近にいた一部の個体が下流の用水路は流出したと考えた。実際に池下の用水路でも季節により10尾ほどの個体が採集できた。

3.4 保全としての放流

本調査地は最上流部に位置し下流の用水路と堰で寸断され、落差も大きいことから下流からウシモツゴやカワバタモロコなどが遡ってくることは不可能といえる。東海地方でモロコと総称する小型コイ科魚類が、聞き取り調査によって本調査地にかつて放流されたことが確認された。調査期間中、ウシモツゴとカワバタモロコ以外のモロコ類は確認されなかったことから、両種とも人の手によってどこからか持ちこまれたものが定着したと考えられる。しかも、山間の池は捕食者などの外敵が少ないと判断され、定着のしやすさが加味されよう。

ウシモツゴのいくつかの生息地の報告には、農業用水源として山間いの湧き水や谷水をせき止めた溜め池がある(前畑、1995の岐阜県；河村・細谷、1997の三重県；森、未発表データの愛知県)。これらの多くは下流の水路と高低差があり、しかも急勾配である。そのため、ウシモツゴのような緩やかな流れを好む種の自発的な下流からの遡上は不可能であろう。また、各地のウシモツゴ集団のmtDNA Dループは著しい単型性を示しており(大仲ら、1999)、少数の雌からなる小集団が起原となっている可能性が高い。これらの報告から、いくつかの生息地は本調査地と同様に放流による定着の可能性があり、移植の際、少数の親が移植された可能性がある。

本来的には、ウシモツゴは濃尾平野に広く分布していたと考えられる。現在では、それらは壊滅的であり、平野周縁部の山麓部にのみに限られた生息地になっている。このことは、江戸期以来、溜め池には一般に、その造成の際や管理の中で魚類放流が

各地で実施されていることと関連していると思われる。コイ・フナの放流に混入する形でウシモツゴが移植されたり、またウシモツゴを含む小型コイ科魚類を放流する場合とがあったと推測される。絶滅危惧種のウシモツゴが少ないながらも東海地方の各地域で確認できている一因は、こうした外敵が少ないと判断される山間の池への人為的な移動によることが考えられる。すなわち、過去の放流が保全の意図はなかったに違いないだろうが、本来の分布中心地が壊滅になった現在、ウシモツゴの系統保全に極めて役立つことになったということができよう。もちろん、言うまでもなく、放流は直ちに保全のための意義を持つものではない。

引用文献

古田晋平 (1999)：鳥取県沿岸浅海域におけるヒラメ当歳魚の分布量、全長組成、摂餌状態及び被食状態の季節変化．日本水産学会誌、**65** (2), 167-174.

細谷和海 (1979)：最近のシナイモツゴとウシモツゴの減少について．淡水魚、**5**, 117.

細谷和海 (1993)：コイ目．日本産魚類検索（中坊徹次編）、pp.212-230．東海大学出版会、東京．

岩井 保 (1995)：海洋資源生物学序説．p.126.

環境庁 (1991)：ウシモツゴ．「日本の絶滅のおそれのある野生動物レッドデータブック（脊椎動物編）」、pp.259, 261, 280-281．財団法人自然環境研究センター、東京．

環境庁 (1999)：汽水・淡水魚類のレッドリストの見直しについて．p.8.

河村功一・細谷和海 (1997)：三重県宮川水系から発見されたウシモツゴ．魚類学雑誌、**44**, 57-60.

長田芳和 (1985)：バラタナゴの産卵数および貝類産卵の生態学的意義．魚類学雑誌、**32** (3), pp.324-332.

Nakai, Z. and S. Hattori (1962): Quantitative distribution of eggs and larve of the Japanese Sardine by year, 1949 through 1951. *Bull. Tokai Reg. Fish. Res. Lab.*, (9), 23-60.

中村守純 (1963)：原色淡水魚類検索図鑑．pp.1-260．北隆館、東京．

中村守純 (1969)：日本のコイ科魚類．資源科学シリーズ4、pp.1-455．資源科学研究所、東京．

前畑政善 (1995)：ウシモツゴ．日本の稀少な野生生物に関するデータブック（水産庁編）、pp.296-303, 日本水産資源保護協会．

高橋清孝 (1998)：シナイモツゴ．日本の稀少な野生生物に関するデータブック（水産庁編）、pp.142-143, 日本水産資源保護協会．

大仲知樹・佐々木裕之・長井健生・沼知健一 (1999)：絶滅危惧種ウシモツゴ集団に見られたmtDNA Dループ領域の著しい単型性．日本水産学会誌、**65** (6), 1005-1009.

内山 隆 (1987)：ウシモツゴ *Pseudorasbora pumila* subsp. の形態と生態．淡水魚、終刊号、pp.74-84.

渡辺昌和 (1999)：川と魚の博物誌．p.111．河出書房社、東京．

山本敏哉・遊磨正秀 (1999)：琵琶湖におけるコイ科仔魚の初期生態：水位調節に翻弄された生息環境．淡水生物の保全生態学―復元生態学に向けて―、森 誠一 編著、pp.193-203．信山社サイテック、東京．

生態を知る

4

イバラトミヨ雄物型の湧泉と水路間の移動性

神宮字　寛

　イバラトミヨはトゲウオ科トミヨ属に属する北方系の魚種であり、国外では、ヨーロッパ、シベリア、北アメリカに分布し、国内では日本海側の新潟県以北、太平洋側の青森県以北に分布する。日本に分布するイバラトミヨは、北海道のほぼ全域と本州北部の日本海側に分布する淡水型、北海道東部の汽水域に生息する汽水型、秋田県の雄物川流域と山形県の庄内盆地に局所的に分布する雄物型に大別される（高田、1987）。秋田県の雄物川右岸に形成された扇状地地帯の湧泉および水路には、このイバラトミヨ雄物型が生息する。イバラトミヨ雄物型は、環境省レッドデータリストおよび秋田県版レッドデータリストで絶滅危惧種IAのカテゴリーに分類され、保全対策を講じなければ絶滅の危険性が高いとされる。その一方で、イバラトミヨ雄物型が生息する扇状地地帯では、大区画圃場整備事業が計画中あるいはすでに着工しており、保全対策を圃場整備事業で行うべく、整備計画の検討が行われている。イバラトミヨを保全対象生物とした場合、湧泉や水路を生息地の拠点として保全することも重要であるが、生活史に応じた湧泉と水路間のネットワークを保証することも考えなければならない。また、複数の湧泉と水路が複雑に結びつき水域ネットワークを形成することによって、イバラトミヨの遺伝的交流が可能となり、地域個体群が維持されていると考えられる。したがって、生息地である湧泉を孤立させず、種の移動・供給を保証するような湧泉と水路のネットワークを保全あるいは創出する必要がある。本文では、イバラトミヨの生活史における湧泉と水路間の移動性の実態について報告する。

4 イバラトミヨ雄物型の湧泉と水路間の移動性

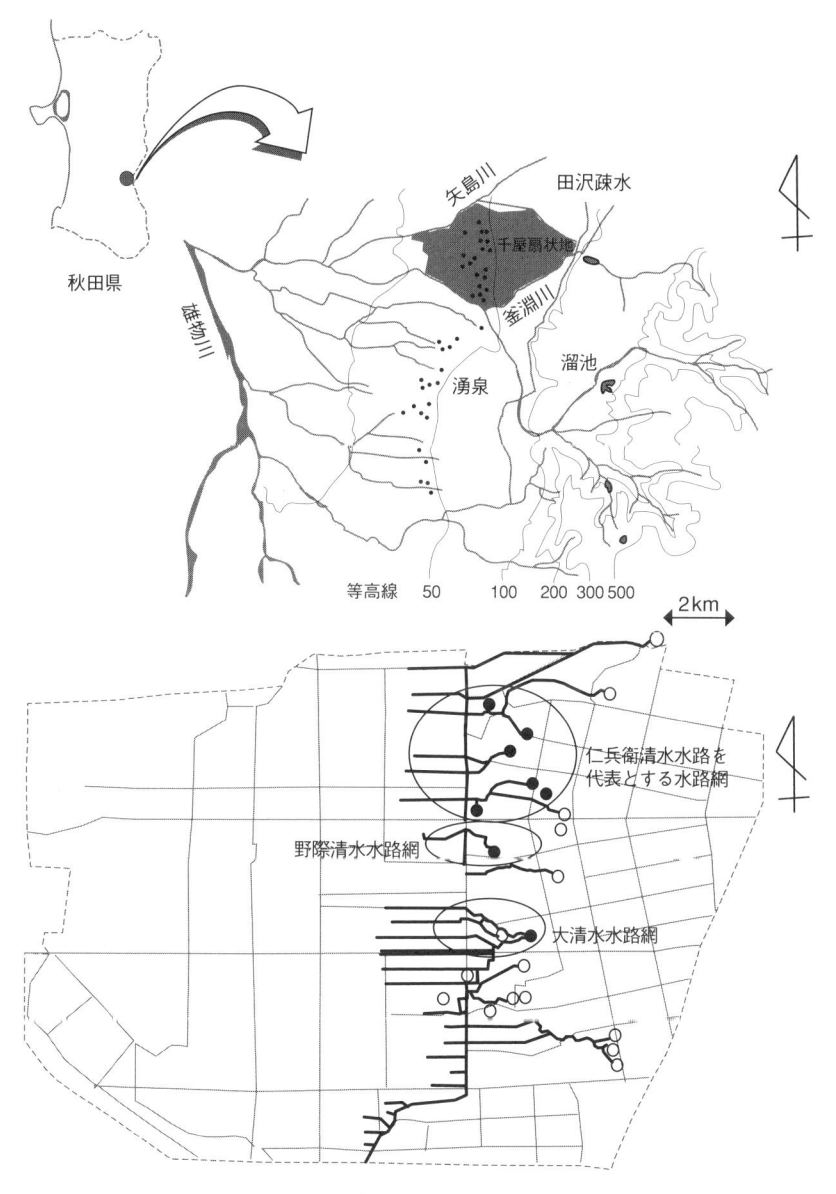

図4-1 湧泉と水路網(土崎地区)

湧泉群と水路網(一部)を示した。円で囲っている範囲は各水路網を示している。
●:イバラトミヨが生息している湧泉, ○:イバラトミヨが生息していない湧泉

生態を知る

4.1　事業対象地区におけるイバラトミヨの生息環境

　調査対象地である千畑町は、秋田県の東部、仙北郡の南東部に位置し、東西14.3km、南北8.9km、面積は87.3km²である。千畑町の東側約3分の2は山地であり、西側約3分の1は、東側の山地から流れる河川によって形成された千屋扇状地の一部となっている。千屋扇状地の扇央部には湧泉が点在している。図4-1は、雄物川右岸に形成された扇状地地帯の湧泉分布位置の概要と千畑町の圃場整備事業対象地区である土崎地区の湧泉の分布位置と水路網を表している。清水とは湧泉のことを示し、これらの清水は、海抜高度48〜55mの範囲に帯状をなして分布し、湧泉から湧出する湧水が水路を流下する。湧泉に付随する水路の構造は、土水路、三面コンクリート、暗渠となっているが、大部分が蛇行した土水路である。土崎地区に存在する20カ所の湧泉のうち、8カ所でイバラトミヨの生息が確認されているが、12カ所では生息が確認されていない。地域住民への聞き取りなどから、かつて20カ所すべての湧泉でイバラトミヨが生息していたと推察される。現在生息が確認されている湧泉と水路から土崎地区の水路網を分類すると、「大清水水路網」、「野際清水水路網」、「古屋敷清水・古清水・仁兵衛清水・松清水・ばんば清水・桜の木の下清水水路網」の三水路網に大別できる。各水路網は、扇状地の扇端部を流れる河川に合流するが、扇央部で各水路網は連絡していない。このため、各水路網中に生息するイバラトミヨ雄物型は、他の水路網に移動・分散することはできず、三水路網に分断されて生息していると考えることができる。

4.2　推定個体数の変化からみた湧泉と水路の移動

　個体数の変化から湧泉と水路間の移動性を明らかにすることを試みた。生息個体数の調査を行った湧泉は、図4-1で示した千畑町土崎地区の大清水湧泉（以下、大清水とする）と大清水につながる水路約100m、仁兵衛清水湧泉（以下、仁兵衛清水とする）と仁兵衛清水につながる水路約100mである（写真4-1〜写真4-4参照）。大清水水路は、大清水から2つに分水された一方の土水路で、蛇行した水路となっている。仁兵衛清水から流下する仁兵衛水路は、三面コンクリート張水路となっており、灌漑期の5月上旬〜8月までの期間には、周辺の水田の排水が流入する。

4　イバラトミヨ雄物型の湧泉と水路間の移動性

写真4-1　大清水湧泉

写真4-2　大清水湧泉から流下する水路（調査対象区）

生態を知る

写真4-3　仁兵衛清水湧泉

写真4-4　仁兵衛清水湧泉から流下する水路（調査対象区）

4　イバラトミヨ雄物型の湧泉と水路間の移動性

　湧泉および水路に生息するイバラトミヨの個体数推定には、Petersen法を用い、補正式としてBaileyの式およびChapmanの式を用いた（久野英二、1986）。個体数の推定は、1999年8月～2000年8月までおよそ月1回の頻度で行った。個体数推定で用いる標識魚は、イバラトミヨの背棘を月ごとに切除箇所を変えて作成した。また、2000年8月の調査では標識魚作成のためにエラストマ-蛍光入墨標識液を皮下注射して、個体識別を行った。

　大清水および水路の推定個体数とその90％信頼区間を図4-2に示した。大清水では個体数の変動が大きく、1999年8月の584尾から10月にかけて減少した個体数が、12月には1,200尾と増加した。1月になると再び345尾と大きく減少し、2月～3月にかけておよそ1,000尾まで増加し、4月以降8月まで約300尾と減少した。一方、水路では9月から11月にかけて個体数が増加し、12月から3月の間は個体数が120尾で推移し、3月以降50尾と減少した。

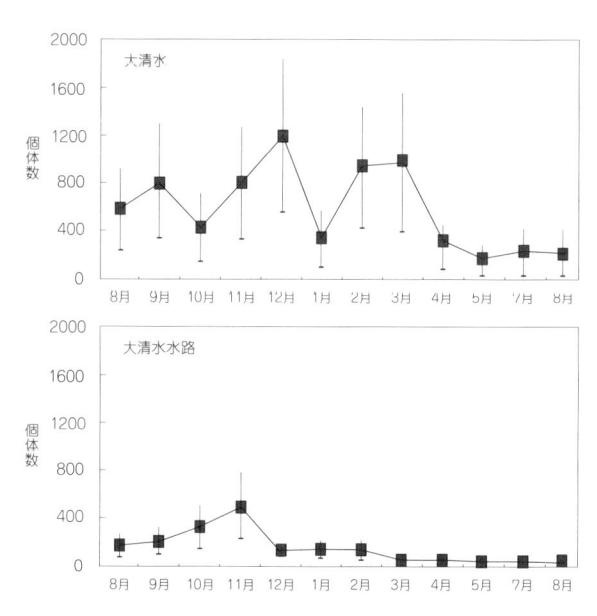

図4-2　大清水と大清水水路の推定個体数（神宮字、未発表）
（推定個体数と90％信頼区間を示した。）

生態を知る

　仁兵衛清水では、8月～9月にかけて430尾となったが、10月に大きく減少し、2月に675尾と個体数が増加した（図4-3）。4月に個体数が100尾と減少したが、7月から8月にかけて再び増加した。水路では、10月に528尾と大きく増加したが、11月には144尾と減少し、4月、7月、8月には、生息個体が確認できなかった。

　大清水と仁兵衛清水に共通してみられた個体数の変化は、2月、3月の個体数の増加であった。また、大清水水路、仁兵衛清水水路とも12月～8月までの期間に個体数が減少した。

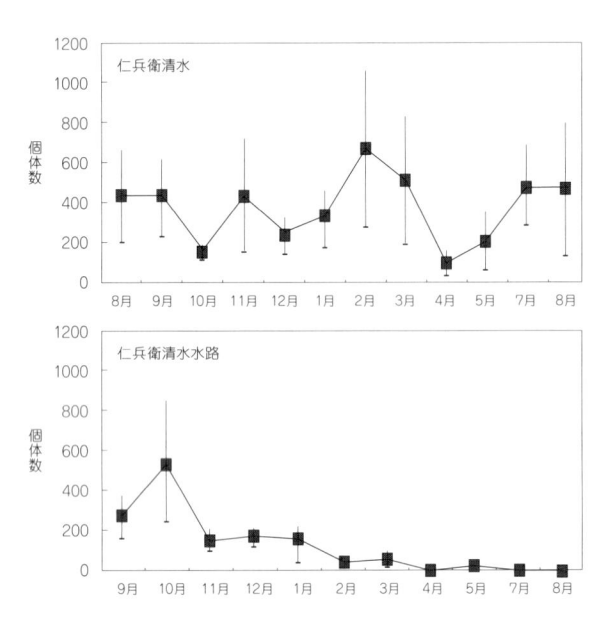

図4-3　仁兵衛清水と仁兵衛清水水路の推定個体数（神宮字、未発表）
（推定個体数と90％信頼区間を示した。）

4.3 湧泉と水路に生息するイバラトミヨの体長組成

　大清水の9月、12月、3月の体長組成分布から個体数の変化について考察する。大清水および水路では、9月に体長サイズのばらつきが大きいが、12月から3月にかけて体長30mm以下の個体が減少し、最頻値の体長が大きくなっていることがわかる(図4-4)。したがって、大清水の12月と3月の個体数の増加は、出生による増加とは考えにくい。3月には、体長35mm以上の個体が増加するとともに、抱卵個体が増加した。

　仁兵衛清水の10月、2月、8月の体長組成分布から個体数の変化について考察する。10月には体長30mmの個体が最頻値を示したが、2月には体長35mmが最頻値を示した(図4-5)。体長の分布範囲から、2月の仁兵衛清水の個体数増加は出生による増加ではなく、移入個体の増加であると考えられる。また、2000年8月には体長30mm以下の個体が増加し、稚魚が確認された。

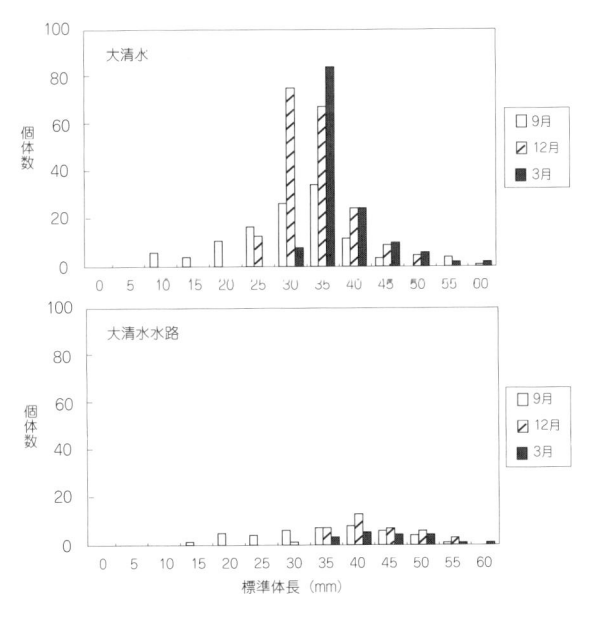

図4-4　大清水と大清水水路の体長組成　(神宮字、未発表)

生態を知る

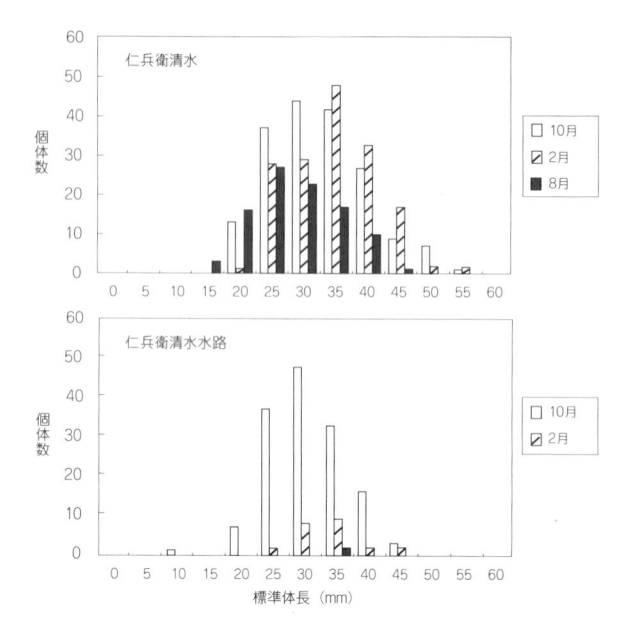

図4-5 仁兵衛清水と仁兵衛清水水路の体長組成 (神宮字、未発表)

4.4 標識個体の移動

　個体数推定のために採捕されたイバラトミヨの背棘を確認し、水路から湧泉へ移動した標識魚の個体数および湧泉から水路へ移動した標識魚の個体数を図に表した(図4-6、図4-7)。大清水と仁兵衛清水では、各月において、標識個体の移動が確認できた。大清水では、2月と3月に水路からの移入個体数が増加した。また、仁兵衛清水では1月と2月に水路からの移動個体数が増加しており、両湧泉とも生息個体数が増加した冬季の各月に標識個体の移動個体数が増加した。

　湧泉から水路への移動個体も確認できたが、大清水水路への移動は9月から4月までであり、各月の移動個体数に大きな違いはなかった。仁兵水路への移動は、11月から2月までであり、1月の移動個体数が8尾となり、他の月に比べ増加した。

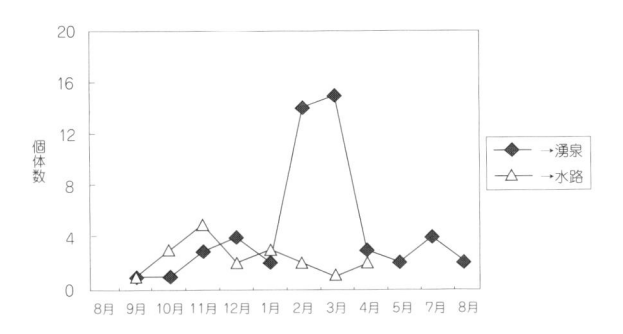

図4-6 大清水と水路間の移動個体数 (神宮字、未発表)

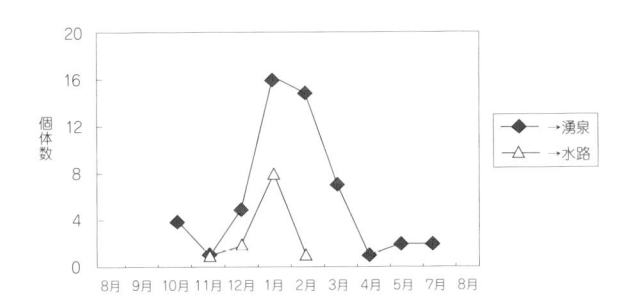

図4-7 仁兵衛清水と水路間の移動個体数 (神宮字、未発表)

4.5　イバラトミヨの移動にかかわる環境要因

1）湧泉の湧出量および水路の流量

　湧泉の湧出量と水路の流量を図4-8に示した。大清水の湧出量は、10月と1月から2月にかけて大きく減少した。その後、湧出量は3月から徐々に増加し始め、5月から8月の間に年間で最も大きな値を示した。大清水水路の流量は、大清水からの湧出量が水源となっているため、同様の変化を示した。上記のような湧泉の湧出量の変化は、扇状地の地下水位の変化に対応しており、積雪期である1月〜2月は地下水の涵養が行われないため湧出量が減少し、灌漑期は水田が地下水涵養源となり、湧出量が増加するという特徴を持つ。

生態を知る

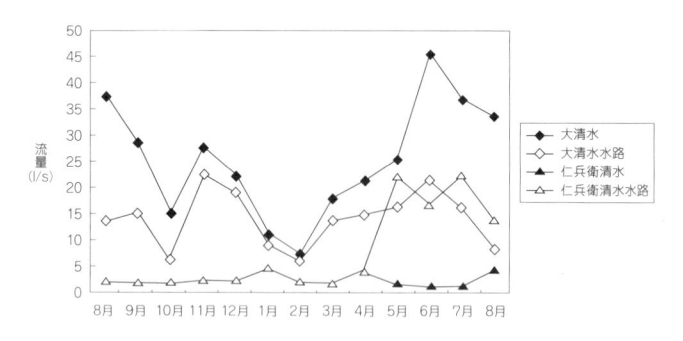

図4-8 湧泉と水路の湧出量および流量（神宮字、未発表）
（仁兵衛清水の湧出量と仁兵衛清水水路の流量は4月まで同じ値を示した。）

　仁兵清水の湧出量は、各月とも5*l*/s以下となり、大清水に比べ著しく少なく、時期的変化も少なかった。仁兵水路の流量は、5月上旬までは仁兵衛清水から湧出する湧水が供給源となるが、5月上旬以降には周辺の水田から水路に田面落水が流入し、水路の流量が大きく増加した。

2）水路の流速

　大清水水路および仁兵衛清水水路の各月の平均流速を図4-9に示した。大清水水路では水路の流量は湧泉の湧出量に規定され、水路幅が約2mの蛇行した土水路であることから、流速が30cm/s以上を示すことはなく、最大でも5月の26.6cm/sとなった。仁兵衛清水水路の平均流速は、灌漑期間である1999年8月に40.3cm/sを示し、2000年5月

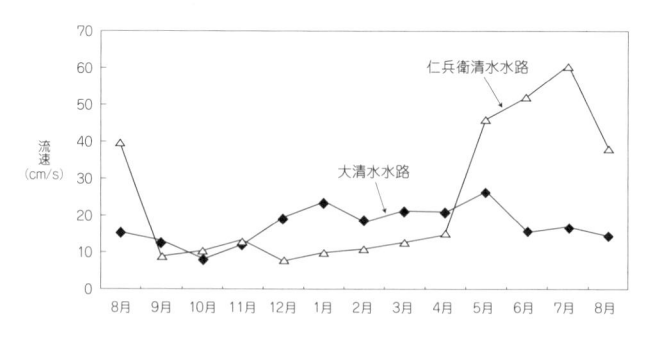

図4-9　大清水水路と仁兵衛清水水路の流速（神宮字、未発表）

以降は、田面落水の流入による流量の増加によって水路の流速が増加し、5月には平均流速が46.6cm/sとなり、7月には60.5cm/sと大きく増加した。

3）湧泉および水路の水温

　大清水では、湧出口の平均水温は年間10〜18℃の範囲を示した（図4-10）。8月に最高値19.6℃を示し、2月には最低値8.0℃を示した。大清水水路では湧出量が減少する1月と2月に平均水温が湧出口水温に比べ約2℃低下したが、年間の平均水温は8〜18℃を示し、湧泉の平均水温と大きな差はなかった。仁兵衛清水では、湧出口の平均水温が12.5〜14℃の範囲を示し、年間を通じて安定していた（図4-11）。また、年間を通じた最高水温が8月の15.8℃、最低水温が2月の10℃となり、大きな水温変動はなかった。一方、仁兵衛水路では、平均水温が8月に最も上昇し19.8℃、2月には6℃となった。また、8月に最高水温が24.2℃、2月には最低水温が2℃となり、水温の変動が湧泉に比べ著しく大きかった。

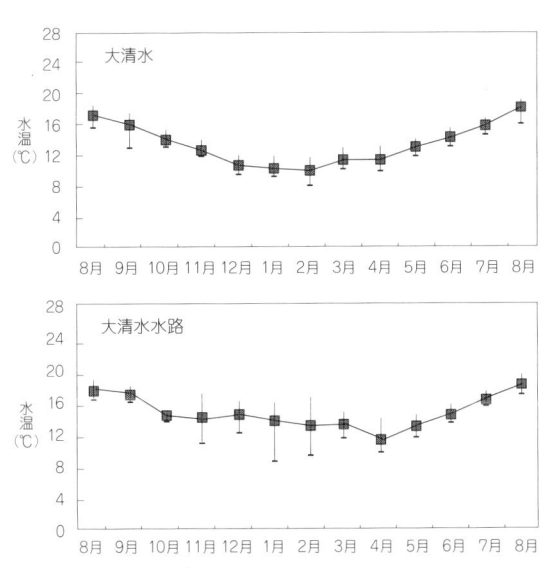

図4-10　大清水と大清水水路の水温（神宮字、未発表）
（各月の平均水温と最高・最低水温を示した。）

生態を知る

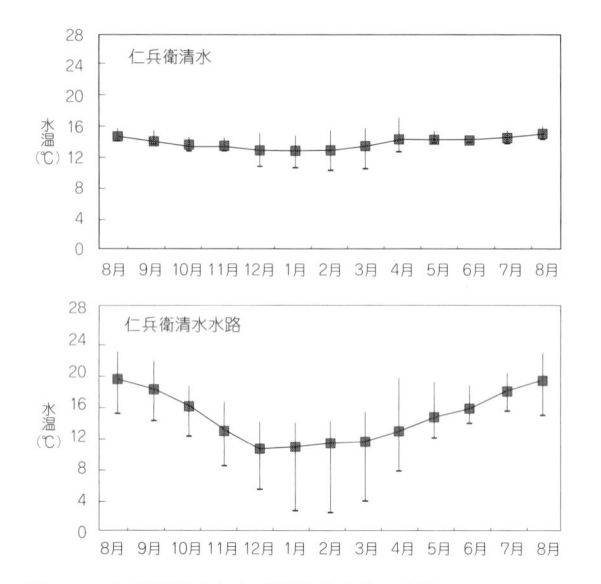

図4-11 仁兵衛清水と仁兵衛清水水路の水温（神宮字、未発表）
（各月の平均水温と最高・最低水温を示した。）

4.6 イバラトミヨの移動性と移動を阻害する要因

　個体数の変化と標識個体の移動から、イバラトミヨは湧泉と水路間を移動していることが確認された。水路から湧泉への移動個体が増加するのは、冬季から春季にかけてであった。冬季には湧出量が低下するため、越冬場として水位の安定した湧泉を利用していると推察される。春季の個体数の増加は、繁殖場所として好適な環境である湧泉へ移入したためと考えられる。

　冬季の好適な生息環境は、水温が安定した水域であると考えられ、水温変動の大きい水路から安定した水温条件の湧泉へ移入したものと考えられる。冬季には、イバラトミヨは越冬場所として静水池を利用しているとの報告があり、湧出量の減少する冬季には、生息場所として機能する0.3m以上の水深と餌資源が存在する生息場が必要である（前川ら、2001）。

移動を阻害する要因として、水路の流量と水路構造が上げられる。仁兵衛清水水路は、幅40cmの三面コンクリート水路となっており、灌漑期間(5月～8月)の田面落水の流入により流速が増加する。この流速の増加によって、遊泳力の弱いイバラトミヨが水路内に定着できず、7月、8月に水路に生息する個体群が消失したものと考えられる。また、田面排水が流入することにより生じる水路の水温上昇も水路個体群の消失の原因と考えられる。仁兵衛水路の個体数増加を図るためには、田面排水と湧水を分離するバイパス水路の設置、定着可能となる水路断面への改修などの保全対策が必要となるであろう。

　土崎地区の湧泉および水路に生息するイバラトミヨや他の生物の保全を考慮した場合、調査を行った二水路網を含めた、三水路網それぞれにおいて保全を行わなければならない。圃場整備事業実施の際には、水路構造、水管理を検討するとともに、現況でネットワークが形成されている水路網は可能な限り保全することが望ましい。そして、湧泉と水路間の移動が可能になるような構造物の設置が望まれる。また、土崎地区のように個体群が縮小している現状では、生息・生育の適地となった場所に個体群を人為的に確立させることが絶滅確率をおさえるために有効な手段になる可能性がある(鷲谷、1999)。したがって、地域個体群の保全を考えた場合、かつて生息が確認されていた湧泉を生息適地としてよみがえらせるとともに、それらの湧泉と現在生息が確認されている湧泉とを結ぶ水路ネットワークを考えることが必要である。

参考・引用文献

久野英二 (1986)：動物の個体群動態研究法Ⅰ－個体数推定法－. p.114. 共立出版、東京.

神宮字寛・沢田明彦・近藤　正・森　誠一 (1999)：小規模湧泉に生息するイバラトミヨの生息と保全. 応用生態工学、**2** (2), 191-198.

神宮字寛・森　誠一・沢田明彦・近藤　正 (1999)：イバラトミヨの生息する湧泉環境と基盤整備事業. 森　誠一 編. 淡水生物の保全生態学 ― 復元生態学に向けて ― 、pp.45-55. 信山社サイテック.

高田啓介 (1987)：トミヨ属の遺伝的分化. 日本の淡水魚類、その分布、変異、種分化をめぐって(水野信彦・後藤　晃 編)、pp.134-143. 東海大学出版会.

環境庁 (1999)：汽水・淡水魚類レッドリスト

秋田県 (1999)：第1次秋田県版レッドリスト

宮地傳二郎・川那部浩哉・水野信彦 (1996)：原色日本淡水魚類図鑑. pp.285-286. 保育社.

前川勝朗・大久保博・軍司明生（2001）：イバラトミヨの他生息域への移動実態．農業土木学会誌、**69**(9), 49-54
鷲谷いづみ（1999）：新・生態学への招待．生物保全の生態学、共立出版、東京．
肥田　登（1990）：扇状地の地下水管理．古今書院．

5

ドブガイの繁殖生態について
―ニッポンバラタナゴの保護と環境保全―

加納　義彦
(清風高等学校生物クラブ)
森田倫行・中西崇之・竹内剛志・河野丈斗志・高野良昭

　清風高校生物部では、絶滅が危惧されるニッポンバラタナゴの保護を行っている(写真5-1)。コイ科魚類のニッポンバラタナゴ*Rhodeus ocellatus kurumeus*は生きた淡水二枚貝(ドブガイ；*Anadonta woodiana*)に産卵し、卵や仔魚期をドブガイによって保護されている。そして、仔魚はほぼ1ヶ月後に貝の出水管から泳ぎ出してくる。一方、ドブガイの幼生(グロキディウム)は底生魚のヨシノボリ*Rhinogobius brureus*の鰭などに一時的に寄生し、その後、底生生活にはいることがわかっている(福原ら、1986；清風高校生物部、1987)。したがって、ニッポンバラタナゴを保護するためには、その産卵

写真5-1　ドブガイ調査に参加した生物部員とOB、そして地域の高安ニッポンバラタナゴ研究会の人達 (2000年3月26日)

生態を知る

写真5-2　保護池の改修工事（1999年4月25日）

床となるドブガイ（口絵⑥参照）が繁殖できる環境全体を保全しなければならない。そこで我々は、1999年3月から八尾市高安地域の人達の協力を得て、改修した溜池でニッポンバラタナゴの保護を開始した（写真5-2）。

　今回の研究の目的はドブガイを中心に、ニッポンバラタナゴとヨシノボリとの相互関係を調べ、ニッポンバラタナゴの繁殖には欠かすことのできないドブガイの繁殖生態を明らかにすることである。特に、まだ未解決のままになっているドブガイの食性について明らかにすることを目的とする。

5　ドブガイの繁殖生態について —ニッポンバラタナゴの保護と環境保全—

5.1　ニッポンバラタナゴの繁殖期とドブガイの繁殖、成長、分布状態について

1）方　法

　今回の観察実験に用いた池は、18年前の水害によって埋もれた池で、地域の人達の協力によって改修工事が成され、保護池（約140m^2：図5-1）として1999年4月に完成したものである（口絵⑦参照）。したがって、この池には魚類および貝類はまったく生息していないので、まず1999年5月2日にニッポンバラタナゴ雄41尾、雌60尾、ヨシノボリ100尾、スジエビ20尾を放流した。さらに、ドブガイ45個体をマーカーによって個体識別し同時に移植した。その他、カワニナやヤマトシジミ、マルタニシなども移植した。その後、2000年7月20日まで定期的にドブガイを採集し、殻長、殻高、殻幅を測定した。新しく採集された稚貝には個体識別のため番号をつけて、池にもどした。また、2000年1月から2000年7月まで、採集したドブガイのえら内に産み込まれたニッポンバラタナゴの卵数を数えた。つぎに、調査日毎にヨシノボリを3尾から10尾ずつ採集して70％のアルコールで固定し、実験室では双眼実体顕微鏡で鰭などに寄生して

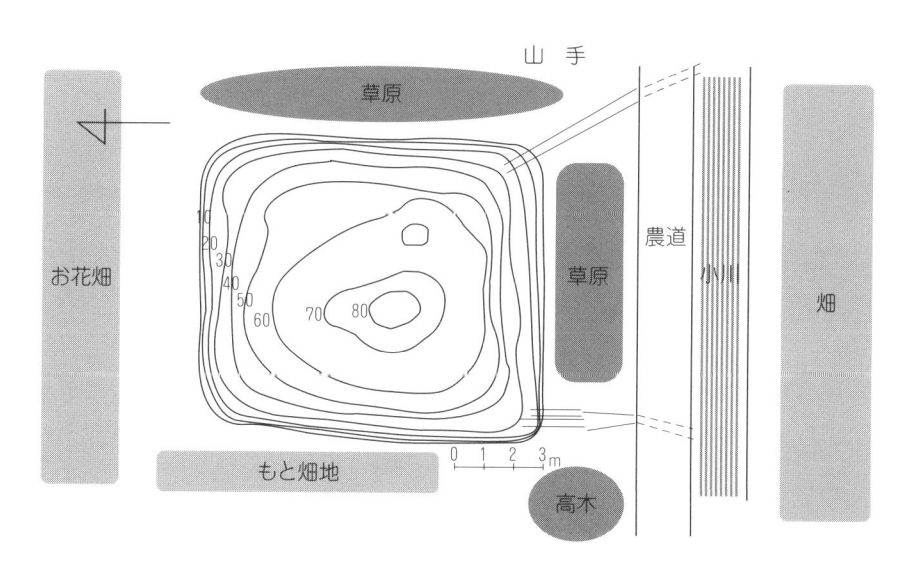

図5-1　1999年4月25日に改修されたニッポンバラタナゴの保護池の水深(cm)と池周辺の状況.

いるドブガイのグロキディウムの数を数えた。2000年7月20日には保護池に生息しているドブガイの分布状態を年齢別に記録し、ドブガイが生息していた4地点の底土を採取した。

2）結　果

① 2000年1月16日と3月26日では、ニッポンバラタナゴの卵はまったく産み込まれていなかった。4月23日にはじめて卵を確認し、個体間の誤差は大きいが、6月18日には最も多くの平均卵数が観察された。6月18日では、親貝（2＋以上：2齢以上．）に産み込まれていた平均卵数は57.6±43.7個（sd. n＝5）で、1999年生まれの小型の稚貝（1＋：1齢〜2齢）の15.3±16.9個（sd. n＝40）よりも有意に多かった（図5-2）。殻長116.2mmの親貝Nで最大150個のニッポンバラタナゴの卵が確認された。

② ヨシノボリに付着していた貝の幼生グロキディウムの平均個体数は、3月26日には32.8±9.7個（sd, n＝10）で、最も多かった。4月23日以後の付着数は著しく減少した（図5-3）。一尾のヨシノボリに寄生したグロキディウムの最大数は55個、腹びれに最も多く付着していた。

③ 図5-4(1)、(2)は、1999年生まれと2000年生まれ稚貝の殻長分布を表す。1999年生

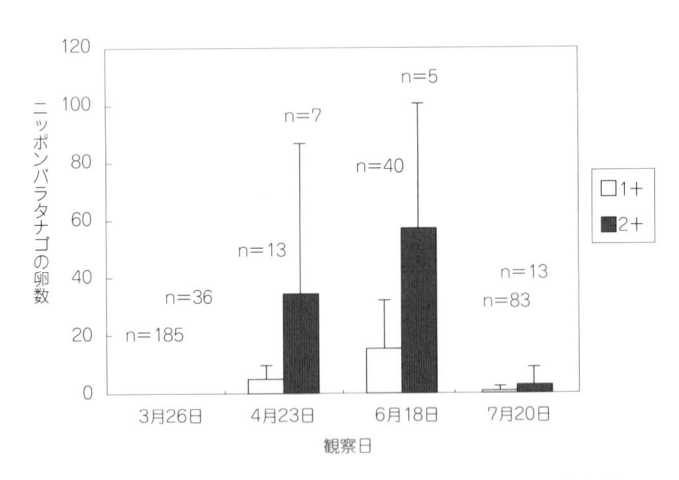

図5-2　ドブガイに托卵されたニッポンバラタナゴの産卵数

　□は年齢1齢〜1齢までのドブガイの稚貝（1＋）を、■は2齢以上の親貝（2＋以上）を表す。
　nは観察個体数、垂直線は標準偏差を表わす。

5 ドブガイの繁殖生態について —ニッポンバラタナゴの保護と環境保全—

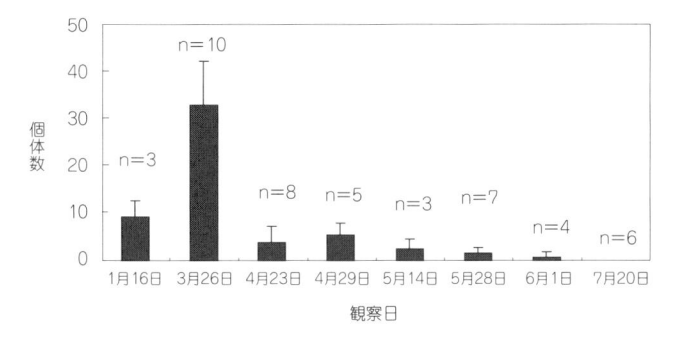

図5-3 ヨシノボリに寄生していたドブガイの幼生(グロキディウム)の個体数
nは観察個体数、垂直線は標準偏差を表わす。

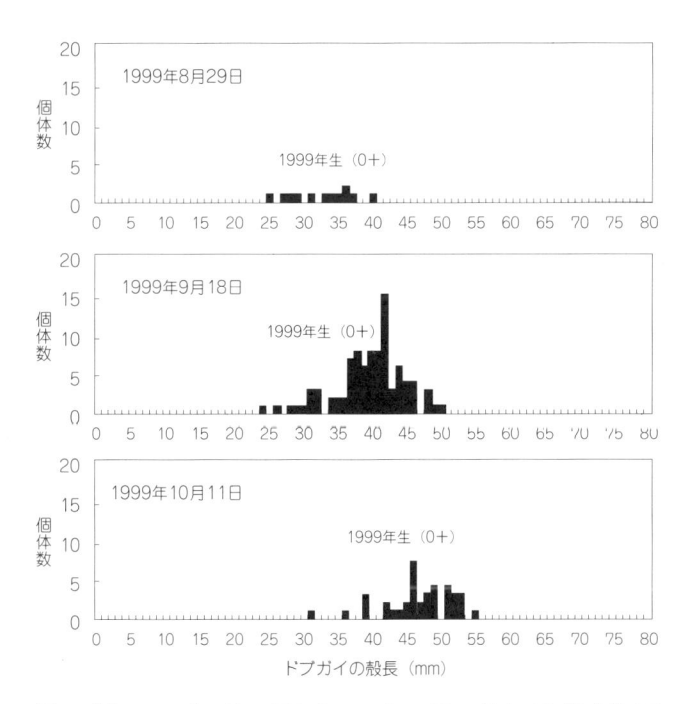

図5-4(1) 1999年8月29日から1999年10月11日までのドブガイの稚貝(0＋)についての殻長分布
1999年生まれの稚貝は7月29日に3個体発見され、平均殻長25.1mmであった。

69

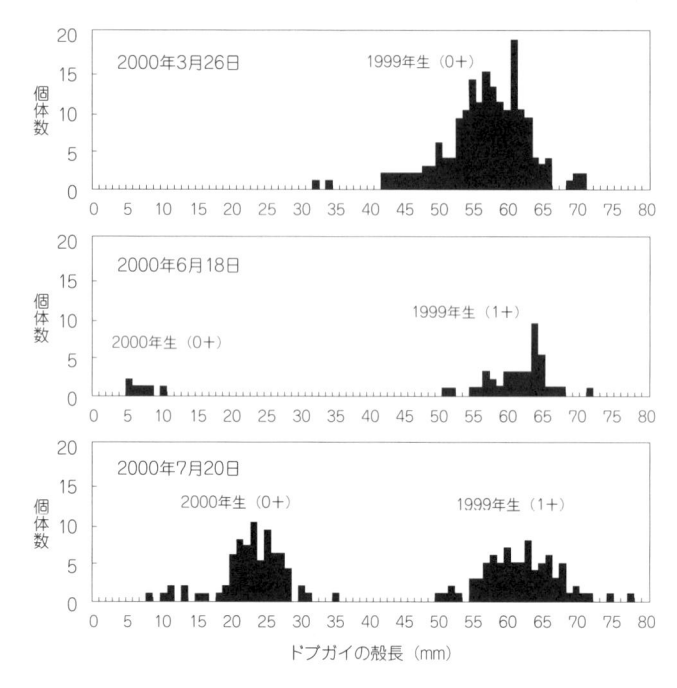

図5-4(2)　2000年3月26日から2000年7月20日までのドブガイの
　　　　　稚貝(0+、1+)についての殻長分布

まれの稚貝は7月29日にはじめて3個体発見された。殻長は、No.1：27.4mm、No.2：29.1mm、No.3：18.8mmであった。1999年生まれの稚貝(0+)に関するその後の平均殻長は、1999年8月29日では32.8±4.6mm(sd, n＝12)、9月18日では40.1±5.0mm(sd, n＝91)、10月11日では47.1±5.1mm(sd, n＝38)、2000年3月26日では55.3±3.6mm(sd, n＝185)であった。また、1日あたりの成長率は、7月29日〜8月29日の間で0.24mm/日、8月29日〜9月18日で0.35mm/日、9月18日〜10月11日で0.29mm/日、および10月11日〜3月26日で0.05mm/日であった。2000年生まれの稚貝(0+)は、6月18日に6個体発見され、平均殻長は7.3±1.8mm(sd, n＝6)であったが、7月20日には23.0±4.8mm(sd, n＝77)まで成長していた。この間の成長率は0.5mm/日であった。

④　図5-5は1999年生まれの稚貝(0+)の個体別にみた成長曲線を示す。8〜10月にか

5 ドブガイの繁殖生態について―ニッポンバラタナゴの保護と環境保全―

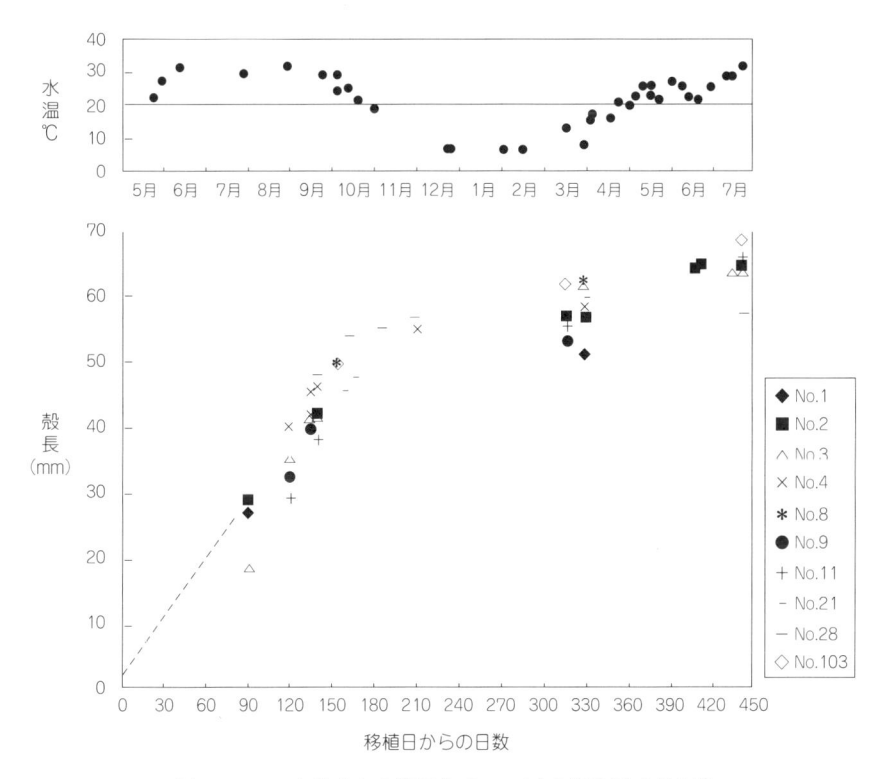

図5-5　1999年生まれの稚貝（0＋、1＋）の個体別成長曲線

ドブガイの移植日1999年5月2日を0日目として、移植後の日数を横軸にとった。最終観察日は2000年7月20日である。それぞれのマークは個体別に表示し、破線は、1999年5月2日から7月29日間での予測成長ラインを表した。上部のグラフは水温の変動を表す。

けての成長曲線の傾きが急であるのに対して、11～4月の傾きは比較的緩やかだった。稚貝は生まれてから1年間（0＋）はよく成長するが、1年を過ぎる（1＋）とあまり成長しなかった。しかし、個体によって成長する時期にはかなり差があった。水温は5～10月の間で20℃を越え、8月29日には32℃まで上昇した。冬季の水温は7℃まで低下した。

⑤　図5-6は、2000年7月20日の保護池における貝の分布状態と底質を表す。ドブガイは主に岸沿いに集まっていて、2000年生まれの稚貝（0＋）はポイント2（クワイがたくさん生えている所）付近に多く集まっていた。図5-7より、2000年生まれの貝（0＋）

生態を知る

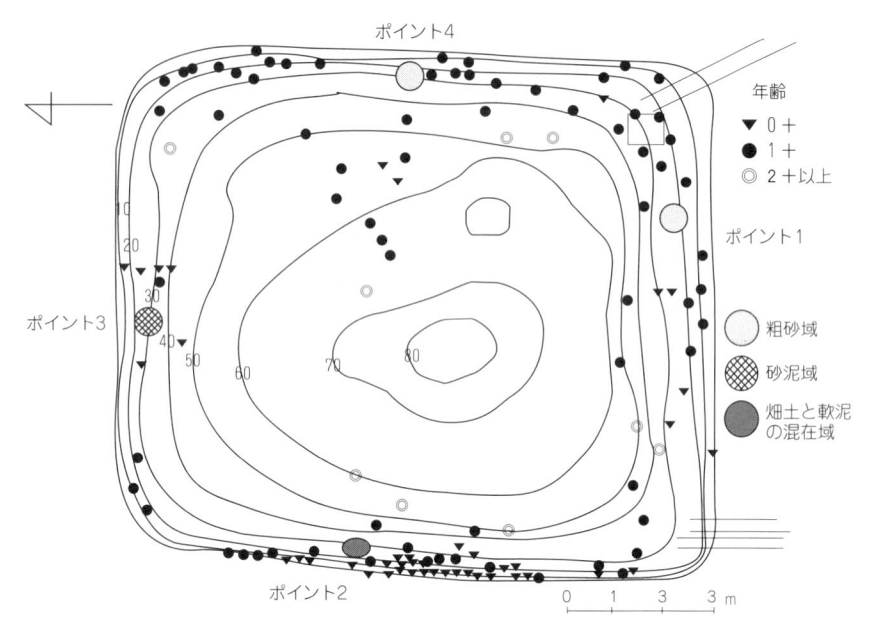

図5-6　2000年7月20日の保護池におけるドブガイの年齢別分布状態と池の底質

2000年生まれの稚貝（0＋）はポイント2付近で多く発見された。ドブガイが採集された場所の底質を調べると、ポイント1は粗砂域、ポイント2では畑土と軟泥の混在域、ポイント3は砂泥域、ポイント4は粗砂域であった。

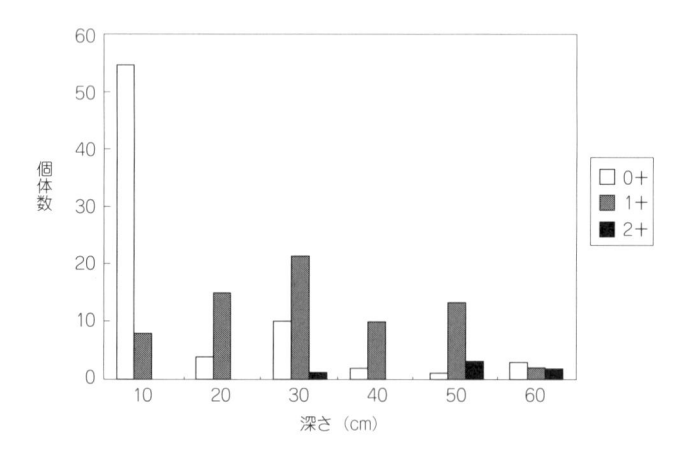

図5-7　2000年7月20日の保護池におけるドブガイの年齢別の深度分布

2000年生まれの稚貝（0＋）は約70％が深さ0～10cmに、1999年生まれの稚貝（1＋）は深さ0～50cmに、親貝は深さ30～60cmの範囲に分布していた。

の平均の深さ10.6±15.1cm (sd, n = 74)、1999年生まれの貝 (1+) は27.0±12.9cm (sd, n = 69)、親貝 (2+以上) の深さは47.7±10.2cm (sd, n = 6) で、年齢が大きくなると深度も増加した。

ドブガイが採集された場所の底質を調べると、ポイント1は粗砂域、ポイント2では畑土と軟泥の混在域、ポイント3は砂泥域、ポイント4は粗砂域であった。

3）考　察

① 保護池において、ニッポンバラタナゴの産卵期は4～7月で、産卵のピークは6月であると推定できる。八尾市の他の溜池とほぼ同じ時期に産卵していた（清風高校生物部、1987）。また、ニッポンバラタナゴは稚貝 (1+) よりも年齢が2+以上の大型の親貝を好んで産卵していると考えられる。

② 貝の幼生グロキディウムはヨシノボリの体に約2週間寄生している（福原ら、1986）。したがって、グロキディウムの寄生のピークは3月26日であったので、ドブガイの産卵期のピークは3月であると推測される。

③ 1999年生まれの稚貝は、早くても5月2日（移植日）以後に発生しはじめた個体であるから、5～8月にかけてもよく成長したと考えられる（図5-5参照）。したがって、稚貝 (0+) の成長期は5～10月であると推定できる。その成長促進期の水温は20℃を越え、成長停滞期の水温は低かったので、稚貝の成長は水温に影響されていると考えられる。今回の保護池におけるドブガイの稚貝の年間成長率（約60mm）は、他に報告されているドブガイの年間成長率（40mm；福原、1988）と比較してもかなり高いものであった．

④ ドブガイの好む生息深度は年齢 (0+、1+、2+以上) によって異なり、若いほど浅い深度を好んでいると言える。

⑤ 稚貝の多い場所はポイント2付近の畑土と軟泥の混在域で、他のヘドロ域や粗砂域にはほとんど生息していなかった。

稚貝が発生し生息していた場所は、なぜこれほど局所域に集中していたのか？という疑問が生じた。そこで次に、我々は池の底質によってドブガイの餌となる食物の分布状態が異なるのではないかと考え、ドブガイの食性について明らかにすることにした。

生態を知る

5.2　ドブガイの食性について

　1999年のドブガイの成長期に採集した稚貝を用いて、予備的に胃内容と腸付近のプランクトンを調べたところ、腸においてケイソウが破砕されていることを確認した。
　一般に、淡水二枚貝の食性は主に植物プランクトンであり、特に珪藻類がドブガイの成長に効果的な栄養分であることが報告されている（林・大谷、1967；柳田・外岡、1991, 1992a,b）。しかしながら、野外の環境条件は多様であり、ドブガイがケイソウをどのように消化吸収しているかは明らかでなく、ドブガイの消化管内におけるケイソウの破砕と食性の関係についてはまったく報告されていない。そこで、このケイソウの破砕現象とドブガイの食性との関係について調べた。

1）方　　法

① ドブガイの食性を調べるため、2000年7月20日にドブガイの稚貝（0＋）3個体を採集し、表層からプランクトンネットを用いてプランクトンを、また池の4つのポイントから底の土を含む底水を採取した。稚貝とプランクトンは70％アルコールで固定した。底の土を含む底水は、沈殿後、その底質と水の境界から浮遊物を採取して軽く遠心分離し、顕微鏡でプランクトンを観察してその数をカウントした。

② ドブガイがどのプランクトンを好んで取り入れてるのかを調べるため、稚貝3個体（a、b、c）の胃内容物と腸内容物を顕微鏡で観察した。さらに、稚貝cに関しては食物の一連の変化を見るために口から食道、胃までを7区分に分け、また肛門から1, 2, 5, 10mmの箇所を選び、内容物を取り出し顕微鏡で観察した。プランクトンの存在比率は一定量内の個体数比で示した。有機物に関しては植物プランクトンとの面積比を3ヵ所で調べ、その平均比を求めた。そして、消化管内におけるプランクトンの消化率を調べるため、プランクトンの破砕数を数えた。破砕率は、全ケイソウ数に対する破砕されたケイソウ数の比率で求めた。

2）結　　果

① 池の底質部分では、リョクソウはクロレラ、イカダモばかりでその他はほとんど確認されなかった。ケイソウに関してはクチビルケイソウ、フナガタケイソウ、ニッ

チアなど種類数、個体数共に多く確認され、ランソウはほとんど観察されなかった。胃、腸ではケイソウが破砕された跡が確認された。ランソウに関しては、どの部位においてもリョクソウ、ケイソウと比べて数が非常に少なかった（表5-1、図5-8）。

② 池底〜胃間の変化を見ると有機物の比率が減少し、リョクソウ、ケイソウの比率が増加した。また、胃〜腸間の変化はケイソウの比率が減少し、リョクソウの比率が増加した（図5-8）。

③ 稚貝cの破砕率をみると、ケイソウは胃のあたりで破砕されはじめ、腸の後半部では81％が破砕されていた。そして、肛門付近では原形を維持したケイソウはほとんど観察されなかった（表5-1、図5-9）。リョクソウは消化管内でほとんど破砕されて

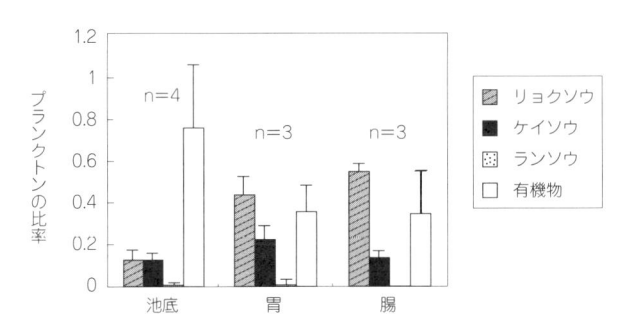

図5-8　2000年7月20日の保護池における底質部とドブガイの胃と腸の内容物の組成比
nは観察個体数あるいはポイント数、垂直線は標準偏差を表わす。

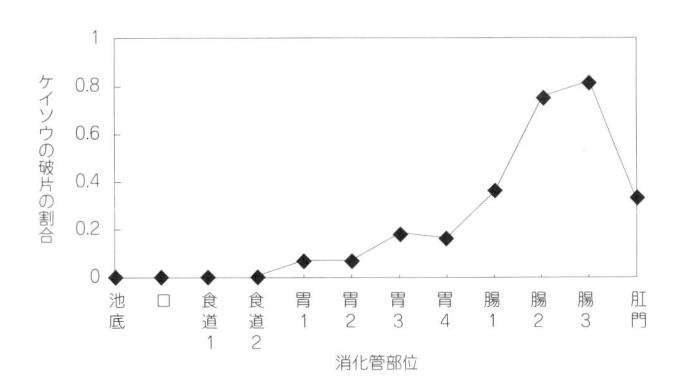

図5-9　ドブガイの稚貝の消化管におけるケイソウの破砕率
ケイソウは胃で破砕されはじめ、肛門直前の腸内で約80％が破砕されていた。

生態を知る

表5-1 保護池で2000年6月18日と7月20日に観察されたプランクトンと稚貝 a、b、c の消化管内のプランクトン数

種目	6月18日 表層	7月20日 表層	7月20日 底層 point 1	7月20日 底層 point 2	7月20日 底層 point 3	7月20日 底層 point 4	稚貝a ロ〜胃	稚貝a 腸	稚貝b ロ〜胃	稚貝b 腸	稚貝c 食道1	稚貝c 食道2	稚貝c 胃1	稚貝c 胃2	稚貝c 胃3	稚貝c 胃4	稚貝c 腸1	稚貝c 腸2	稚貝c 腸3	稚貝c 肛門
クロレラ	9	31	31	8	68	33	28	28	55	18	32	29	57	50	48	10	30	23	34	31
イカダモ	2	4	3	3	2	6	16	12	18		11	18	39	19	20	24	13	9	8	17
クンショウモ												1	1							
アクティナスツルム	1	21						1												
ケラスツルム		1					1	1												
ミカヅキモ	2																			
ホシミドロ	2																			
ツヅミモ	9																			
コレンキニア	3	12				1					2		1							1
テトラエドロン	3																			
緑藻合計	31	69	34	11	71	39	45	42	73	18	43	50	98	70	68	34	43	33	42	49
ハリケイソウ	8	63	12	4	15	5	3		5			6	8	9	4	4	2		3	2
クチビルケイソウ		14	3	18	15	6	3	7	1	1	5	5	7	1	5	4	1	2		
ハネケイソウ		2		8	19	8			1		4	3	8	11	5	6	1		1	
フナガタケイソウ					4	2			5		1		1	10	5	5	2	3	1	
ホシガタケイソウ		7		12	4				11			3	8		5					
オビケイソウ															1					
ニッチア		30	3		7		3	7				6	20	9	10	7	9	2	2	1
ディアトマ		1			1				3				1		1					
クサビケイソウ		1			1								2							
ヒメマルケイソウ													4							
破砕片	11	116	18	42	62	27	9	14	34		11	23	54	40	31	26	8	28	26	4
珪藻合計	11												1						2	2
クロオコックス				3	3	1	2						1							
ユレモ		1										1								
メリスモペディア	1			2																
アフィノカプサ		1																		
ミクロキスティス		1																		
藍藻合計	3	0	0	5	4	4	2	0	0	0	0	2	2	1	0	0	0	0	0	0
合計	45	185	52	58	137	68	56	56	84	19	54	75	154	111	99	60	58	42	48	53
緑藻の割合	0.689	0.373	0.654	0.19	0.518	0.574	0.804	0.75	0.869	0.947	0.796	0.667	0.636	0.631	0.687	0.567	0.741	0.786	0.875	0.925
珪藻の割合	0.244	0.627	0.346	0.724	0.453	0.397	0.161	0.25	0.131	0.053	0.204	0.307	0.351	0.36	0.313	0.433	0.259	0.214	0.125	0.075
藍藻の割合	0.067	0	0	0.086	0.029	0.029	0.036	0	0	0	0	0.027	0.013	0.009	0	0	0	0	0	0
珪藻の破砕率	0						0.563		0.45			0.069	0.07		0.184	0.161	0.348	0.757	0.813	0.333

いなかった。

3）考　察

① ドブガイの採餌の選択性をイブレフの選択指数（$E=(R-P)/(R+P)$、R：ある飼料の消化管内容物中の割合、P：同じ飼料の環境中の割合）を用いて求めると、リョクソウ0.56、ケイソウ0.29、ランソウ0.01と正の値を示したが、有機物は−0.4で負の値を示した。すなわち、リョクソウとケイソウは選択的に取り込まれ、有機物は避ける傾向を示したと考えられる。また、ランソウについては個体数が極端に少なく、比率の誤差も大きいので、選択性については何とも言えない。

② 稚貝の食性のグラフで胃〜腸を見ると、ケイソウの比率が減少していること（顕微鏡でケイソウの破片の確認）や、稚貝cの消化管におけるケイソウの破砕率のグラフから、ドブガイの稚貝はケイソウを好んで食べていると推定できる。

　東・林（1964）は、琵琶湖南部における貝類生息地の環境条件について調べ、貝類は生息場所に存在するものは、生物無生物の区別なく無差別に口の中に取り込んでいるだろうと報告している。今回の結果では、ドブガイはリョクソウとケイソウを選択的に取り込み、ケイソウを破砕することによって、ドブガイの成長に効果的な栄養分であるケイソウを消化吸収している可能性が示唆された。

5.3　総合考察

1）ニッポンバラタナゴの産卵床（ドブガイ）に対する選択性について

　図5-1から、ニッポンバラタナゴのドブガイへの托卵は貝の個体によって誤差は大きいが、稚貝1＋では多くて20〜30個であるのに対し、親貝2＋以上では最大100〜150個の卵数があり、2＋以上の親貝を有意に選択し、産卵していたことがわかる。長田（1985）は、産卵場のおけるドブガイの大きさ、健康状態、底質への埋もれ程度、貝内の既存卵数および仔魚数は、産卵数に影響しないと報告している。今回の報告では、ドブガイの年齢によって産卵数は影響されていることを示唆した。

2）ドブガイの産卵期について

　図5-2のヨシノボリに対するグロキディウムの寄生数から、ドブガイの産卵最盛期は3月であると推定した。一般に、ドブガイの産卵期は12～5月とされているが、今回の保護池においても、ほぼそれに一致した（福原ら、1986；清風高校生物部、1987）。

3）ドブガイの成長期について

　1999年生まれの稚貝は5月以後に生まれた貝なので、図5-5から5～8月も8～10月とほぼ等しい成長率であると推定された。また、2000年生まれの稚貝（0＋）の成長率は、6月から7月にかけて0.5mm/日で最大値を示した。したがって、ドブガイの稚貝（0＋）の成長期については、5月～10月であるとするのが妥当であろう。矢田ら（1991）は、水産試験場に造成したニッポンバラタナゴの保存池でドブガイの成長期を調べたところ、殻長50～100mmの個体について、9月から12月にかけて成長速度は速くなることを示した。今回の観察においても、殻長50～60mmの個体（1＋）に関しては、5～7月ではあまり成長しなかった。しかし、初期稚貝の成長に関しては5月から成長がはじまる。このちがいは、ドブガイの妊卵が1＋から始まるためではないだろうか。今後の課題である。

4）池の底質と稚貝の発生との関係

　保存池の底質は、ポイント1は粗砂域、ポイント2では畑土と軟泥の混在域、ポイント3は砂泥域、ポイント4は粗砂域であった。今回の調査では、ポイント2の畑土と軟泥との混在域で多くの幼貝が発見されたが、粗砂域では発見されなかった。矢田ら（1991）は、保存池の山土と軟泥の混在域においてドブガイの稚貝の生息密度が最も高かったと報告している。池の土と軟泥との混在域という底質が、ドブガイの餌になるプランクトンの生育に影響を及ぼしている可能性があると考えられる。

5）池の底質と植物プランクトンの組成比について

　保護池において稚貝がポイント2に集中していたことと、ドブガイの食性はケイソウである可能性が高いことから、ポイント2にはケイソウが多く分布していることが予想される。そこで、各ポイントにおけるプランクトンの比率を図5-10に示した。

5 ドブガイの繁殖生態について―ニッポンバラタナゴの保護と環境保全―

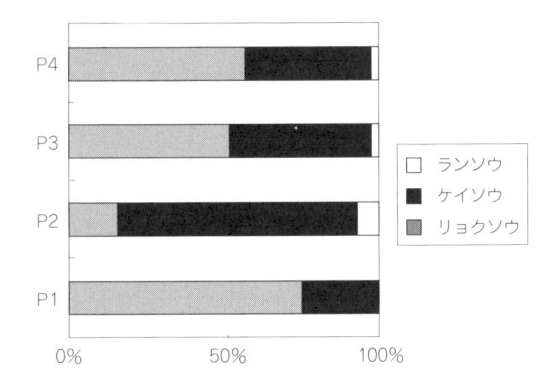

図5-10 2000年7月20日の保護池内のポイント1～4地点における
植物プランクトンの組成比

P1～P4は採取ポイント1～4を表す。
ポイント2でケイソウが最も高い割合で分布していた。

　予想どおりに、ポイント2は他の地点に比較してケイソウの割合が高かった。この結果は、さらにドブガイの食性はケイソウであることを支持した。

6）水温と植物プランクトンの季節変動

　ドブガイの食性がケイソウであるなら、水温が上昇する5～10月にケイソウが増加し、それを食べる稚貝はよく成長したと考えられる。一般に、植物プランクトンは夏には一時的に減少するが、気温が上昇する春と秋に増加すること（市村、1958）や、ケイソウは5～11月に増加する（水野、1984）ことは既に報告されている。

　以上のことから、ドブガイの稚貝は水温が上昇する5～10月に、ケイソウがよく増殖する畑土と軟泥の混在域でケイソウを主に食べてよく成長したと考えられる。

5.4　ニッポンバラタナゴの保存と環境保全を具現化していた"どび流し"

　稀少魚であるニッポンバラタナゴを保護するために、ニッポンバラタナゴの産卵母貝であるドブガイの繁殖生態を調べてきた。ドブガイを繁殖させるためには幼生期の寄生宿主となるコシノボリが重要であること、またドブガイの成長にはもっとも効率のよい栄養分となる珪藻類の繁殖が欠かせないことが少しずつ明らかになってきた。

生態を知る

しかしながら、我々は、ニッポンバラタナゴを保護するためには、さらにニッポンバラタナゴやヨシノボリの生態や生物間の相互作用についてもより詳しく調査する必要性を感じると共に、実践的な保護方法を確立する必要性を強く感じた。つまり、溜池の生態系を維持するために環境全体を保全する方法を具現化していかなければならない。

八尾市高安地域には400あまりの溜池が点在する。かつて、溜池は里山を耕作するための農業用水として多いに利用されていた。田植え期における灌漑用水として水を使い、稲刈りが終われば底樋を抜き、池の底にたまった泥水を流し池を干す。そして、この泥水を田畑に引くことによって土地改良を行っていた。このような泥水を流すことを"どび流し"と地元では呼ぶ。葭仲俊幸氏によると、この"どび流し"は三つの意義をもっていたようだ。一つは、池の掃除。二つ目は、田畑の土壌改良。三つ目は、秋の食材としてドブガイや雑魚を利用することである。ニッポンバラタナゴ（キンタイ；地元の呼び名）は苦いのでほとんどが用水路に放流されてしまった。それにもかかわらず、翌年にはニッポンバラタナゴやドブガイが見事に再生産され、生態系が維持されていたのである。実に合理的で、すばらしい持続可能な循環型システムが"どび流し"として具現化されていたのである。

しかしながら、現在では農業や地場産業の変遷によって、ほとんどの溜池において年に一度の"どび流し"が見られなくなってしまった。さらに、治水のために行われた用水路の三面コンクリート張り工事によって、底樋がまったく利用できなくなった溜池も少なくない。このような状況下で今、我々は、この伝統的な環境保全の仕組をよく理解することがもっとも重要な課題ではないかと強く考えている。そのためには、この"どび流し"の効果を科学的に分析する必要性があり、今後の調査によってその効果を明らかにし、伝統的な"どび流し"に代わる新しい科学技術を用いた代替的な循環システムを構築したいと考えている。

引用文献

福原修一・中井一郎・長田芳和（1986）：溜池におけるドブガイ *Anadonta woodiana* の幼生の寄生時期とおよび部位．VENUS, **45**(1), 43-52.

福原修一・長田芳和 編（1988）：赤坂御用地内の心字池及び大土橋池で繁殖したドブガイについて．ニッポンバラタナゴの保護と研究．ニッポンバラタナゴ研究会、pp.60-67.

市村俊英（1958）：Bot. Mag. Tokyo, **71**, 110-116.
林　一正・大谷章栄（1967）：琵琶湖産セタシジミの消化管内容物について．VENUS, **26**, 17-28.
東　怜・林　一正（1964）：琵琶湖産二枚貝の幼生について．日本水産学会誌、**30**, 227-233.
水野寿彦（1984）：日本淡水プランクトン図鑑．保育社．
長田芳和（1985）：産卵場におけるバラタナゴの個体関係やドブガイの状態が貝への産卵数に及ぼす影響について．大阪教育大学紀要　第Ⅲ部門、**34**(1), 9-26.
清風高校生物部（1987）：八尾市の溜池における生態系　清風紀要、**4**, 33-68.
矢田敏晃・長田芳和・加納義彦・宮下敏夫（1991）：ニッポンバラタナゴの試験増殖；繁殖に及ぼす水際帯造成効果について．ニッポンバラタナゴ保護増殖検証事業報告書．環境庁、pp.9-38.
柳田洋一・外岡健夫（1991）：淡水二枚貝類の成長環境条件について．茨城県内水面水試調査研究報告、**27**, 98-123.
柳田洋一・外岡健夫（1992a）：淡水二枚貝類の成長環境条件について－Ⅱ．茨城県内水面水試調査研究報告、**28**, 35-42.
柳田洋一・外岡健夫（1992b）：淡水二枚貝類の成長環境条件について－Ⅲ．茨城県内水面水試調査研究報告、**28**, 43-47.

生態を知る

6

自然公園づくりとチョウ類の生息状況

田中　蕃

　昨今、自然公園「造り」が、全国各地で、いろんな方法で実施されるようになった。単なるビオトープあるいはその集合体的な姿、手つかずの残された環境をそのまま保護する形など、ピンからキリまでのさまざまなものに対し自然公園の名がつけられている。ただ「造り」が意味するように人為を強く盛り込んだ場合は、果たしてどの程度の自然を目指したものかが問われることになる。こうすればこのようになるという予測は、客観的に技術レベルが確立されていない現在、きわめて難しい。そのような状況下では、人為に対する自然の反応としての結果を一つずつ検証総括して、データを積み上げて行くのが当面の課題ではないだろうか。

　ここでは自動車産業を中心とした工業都市・愛知県豊田市において行われた2か所の自然公園造りの成果を、チョウ類の動向によって検証した結果について報告しようと思う。ただし筆者はその評価をとくに義務づけられたわけではない。人が自然に手をつけるということがなしうる限界を知りたいとの個人的関心から、造成前後において、指標生物としてのチョウ類の生息状況の推移を調査した。その結果を公園造りの成否判断の一つの資料として、ここに提供したにすぎない。

　人口34万人をこえる中核都市に発展した豊田市は、急速な土地開発をともない、これまでにあった多くの自然を失なってきた。しかも開発の途中で、このままではいけないとの声は比較的少なかったように思われる。高度経済成長の渦の中に巻き込まれ、浮上して気づいたときには思いもかけない自然破壊に見舞われていたといえよう。

　破壊の実態は様々である。産業発展のための用地開発ばかりでなく、宅地開発も当然含まれ、人口の密集する都市化という自然そのものとの共存に障害になる姿もある。

一方、地域によっては経済的理由から伝統の農林業を放棄して過疎化が進み、さらに住民の高齢化による労働力の供給不足から山野が荒れるがままになった。これも考え方によっては管理放棄による自然破壊で、人為のなれの果てと考えることもできる。その影響は、人心の荒廃にも深く関わってくるので、ことは想像以上に深刻である。

それでも豊田市は中規模都市であり、大都市のような広面積にわたる開発に至る寸前に、タイミング良く世界的な環境問題のクローズアップがあって、より良い自然を残し、都市の中に心なごむ雰囲気を持つ自然を導入して行こうとする世間の趨勢に、辛うじて乗り遅れずに済んだ。これは非常に幸いなことであった。

ここ10年ほどの市政のモットーである「のどかさ」づくりの実行形態と位置づけすべきなのかはさておいて、市が環境行政の目玉として重要視している矢作川環境基本軸を活用して造った二つの（人工的）自然公園、「児ノ口公園」と「お釣土場水辺公園」は環境行政の成否を占う重要な立場にあると考えられる。1～2年の間に相次いで造られた公園であるが、この二つは、ともに「川」「水辺」と「緑」がセットされているものの、造成にいたる立地条件や思想的背景がまったく異なるので、完成前後の自然復元の評価がきわめて注目されるところである。

6.1　公園の地理的位置と概要比較

対象公園は愛知県豊田市内の「児ノ口公園」と「お釣土場水辺公園」の二つである。両者の位置は**図6-1**に示した。ほぼ同一地域の環境は、**写真6-1**の航空写真のようになっている。丘陵地の緑は矢作川の東側では接近して大規模に広がっているが、西側では遠くかつ緑地の規模が小さい。この航空写真は1995年、すなわち児の口公園の工事中、お釣土場水辺公園の工事開始以前に写したものである。両者の工事着手以前の植物環境は、この写真を拡大した**写真6-2**および**写真6-3**により明確にその相違が認められる。

その立地条件、整備方針、工事時期その他を整理して示したのが**表6-1**である。先に少し触れた通りで、前者が都心部に位置していて、隣接する神社の森（大木であるが密度は低い）を一部利用した以外はほぼ全面的に新しく公園造成したのに対し、後者は市街化区域に接した河川高水敷に密生した竹藪（マダケ林）を、生物の生息空間として良好と考えられる程度に伐採しただけのものである。立地環境に合わせ、公園造りの方

生態を知る

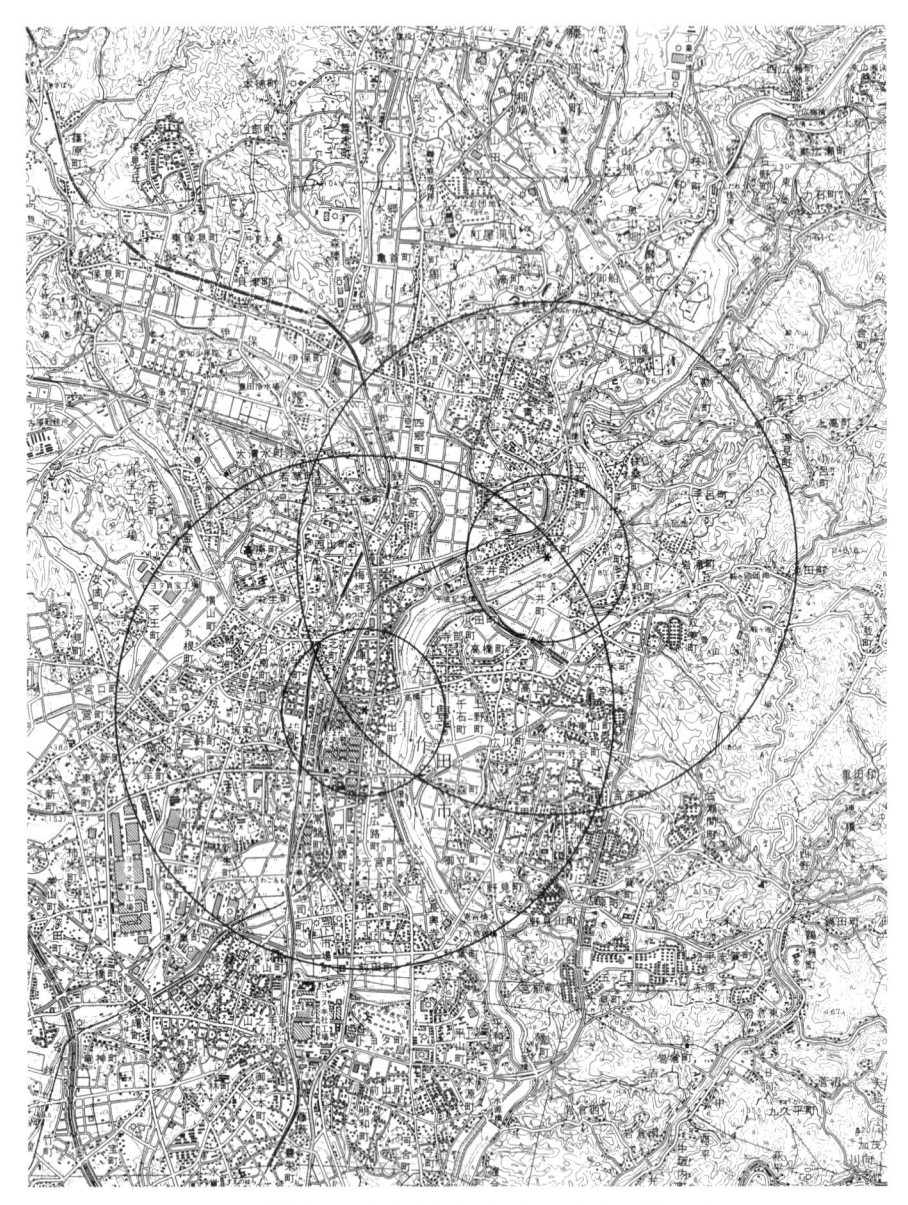

図6-1　調査地点2公園の位置と半径1km圏および3km圏
　　　左：児ノ口公園、右：お釣土場水辺公園
　　　＊：公園中心点、内円：半径1km圏、外円：3km圏

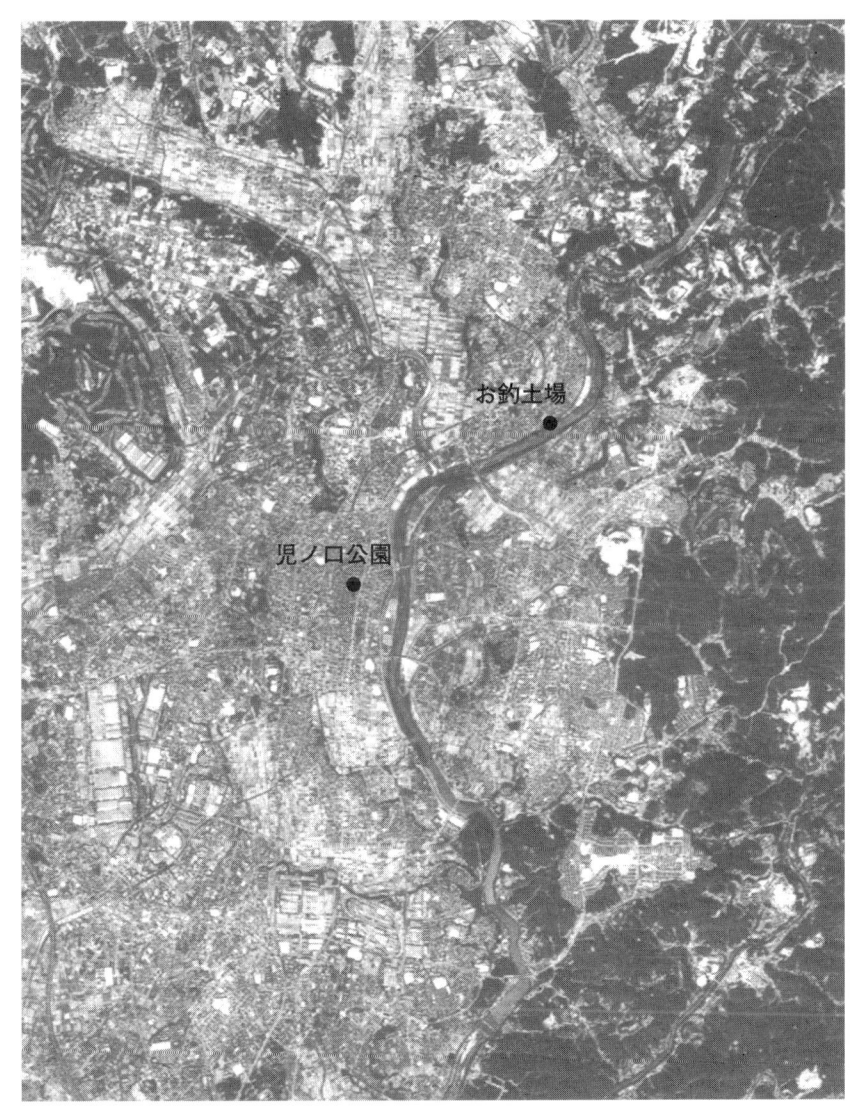

6 自然公園づくりとチョウ類の生息状況

写真6-1 児ノ口公園およびお釣土場水辺公園周辺の環境航空写真
東部（右側）に森林が偏って分布している（図6-1と対照）。

生態を知る

写真6-2 児ノ口公園
右側の上下に走る直線が国道248号線で、ほぼ直角三角形の長辺下半部の木立ちが、児ノ口神社社叢林

写真6-3 お釣土場水辺公園
対角線の川辺林の上半部がお釣土場水辺公園

法や思想的背景はまったく異質であり、造成前後の姿や造成中の工程にいたるまで、似ても似つかぬ経過をたどることになった。いずれも当初からチョウを増やす意図があっての設計にはなっていない点が、都市内自然の回復を色眼鏡で見ることのない貴重な論拠となると思われる。両者の中心地間の距離は約2.3kmにすぎないが、お釣土場が過去、竹藪といえども川辺に連続した緑に覆われた環境下にあったのと対照的に、児ノ口公園のほうは植栽樹種を当地方の里山二次林に見られる種に限定しようと企画された。前者は植栽された植物が皆無であるのに対し、後者はわずかな既存の植物以外はすべてが裸地に新たに植樹した形を取っている。まして植栽樹の多くは造成直後の体裁を繕う必要がある部分を除き、ポット苗か山で採取した幼木であったことから、両公園の生物生息空間は相反する方向からの接近によって形成されるものであり、大いに注目すべき問題を抱えている。

6 自然公園づくりとチョウ類の生息状況

表6-1 豊田市内自然公園2か所の概要

公園名	児 ノ 口	お 釣 土 場
立地条件・環境条件	都心部。国道248号沿い 旧五六川が暗梁となり埋設	矢作川右岸河川敷、堤内は区画整理地域指定
造成前の環境	児ノ口神社・鎮守の森、樹木少ないプール、グラウンドなどのスポーツ施設あり、平坦乾燥地	マダケ優占の密林。侵入不可。エノキ・ムクノキの樹冠部突出。痩せたヤブツバキの亜高木層
整備方針	・都心に安らぎと落ち着き・防災空間・ヒートアイランド抑制・空気浄化・生物生息空間確保	・市民への親水空間提供・潤いのある散策路・コリドーの整備・生物生息空間確保
面積または距離	1.9 ha	約400 km
着工・完成時期	平成6～7年度	平成8年度
事業主体	豊田市河川課・公園課	豊田市河川課
管理主体	豊田市 委託：地元愛護団体	豊田市 豊田市矢作川研究所
管理方針	園内植生の維持。利用者の通常行動の監視。周辺居住者の親睦向上の場。自然の中での交流のため庵を設置。	川辺植生管理研究のモデル地区。生態系重視の自然空間。施設、設備等はつくらない。現状変更への注意喚起。散策等の利用者を制限しない。

6.2 公園整備と管理について

1）児ノ口公園

　小面積に鎮守の森の大木があったが、その奥行きはなく、名木指定された大木は延命の補修を要するほどに老衰していて、裸地や宅地に囲まれた都市内部の厳しい環境条件をまともに被ったような状態であった。古くから公園指定されていたが、スポーツ広場や市営プールが設けられ、唯一潤いを与えていた神社境内に続く池は数年来涸れてしまっていた。すぐ車側は国道248号線が通り、主要幹線であることから車の通行量はきわめて多く、したがって排ガス・騒音も著しい。街路樹以外の緑地の必要性は、

生態を知る

「のどかさ」を標榜する豊田市にとっては十分にあったといえよう。

この場所には約40年前まで小河川「五六川」が流れていた。これは後に排水路として暗渠化され、暗渠の上もスポーツ公園に組み込まれて長く利用されてきた。しかし、「のどかさ」の資源として、水環境を整えることは必要である。いま一度暗渠を掘り起こし、以前の場所に以前とは異なった姿の近自然工法による五六川を復活させた。長期の暗渠の間に水源は絶たれ、生活廃水だけの水が流れていたが、復活後は水源を矢作川本流からの導水と、一部渇水時の補給源としての井戸水によることとなった。小川の復活を中心に敷地内に樹木を植え、下草も周辺農地の田畑から土壌と共に搬入し、橋や散策路、あずま屋風の休憩所などを整備した（**写真6-4〜写真6-7**）。圧巻は、グラウンドの跡地に土盛りして小山を築き、豊田市内丘陵部の雑木林に生える樹種をえら

写真6-4　造成工事着工前の風景
中央の6個の点は旧五六川の位置で、着工当時暗渠になっていた。

写真6-5　五六川復活工事中

写真6-5　復活工事完成後の五六川
中央のヤナギを中心に左が川、右が水田用の湿地

写真6-7　築山に建てられたあずま屋
右手に雑木の幼木林がある。

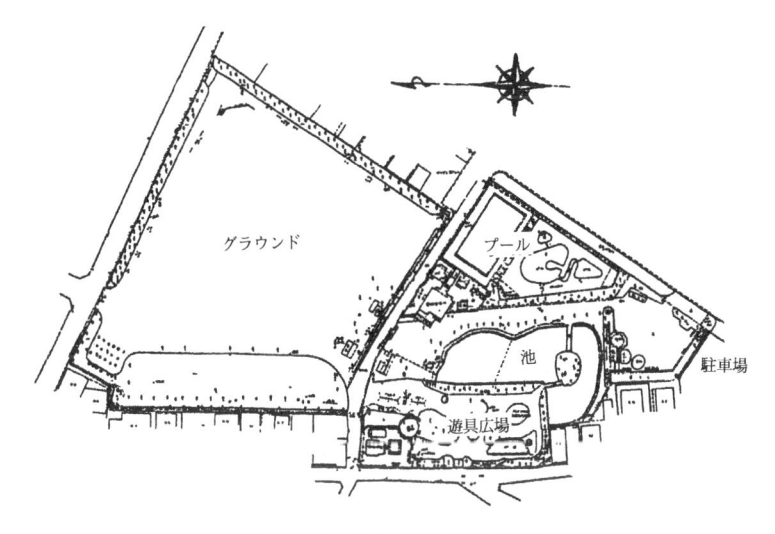

6 自然公園づくりとチョウ類の生息状況

図6-2 児ノ口公園整備前平面図

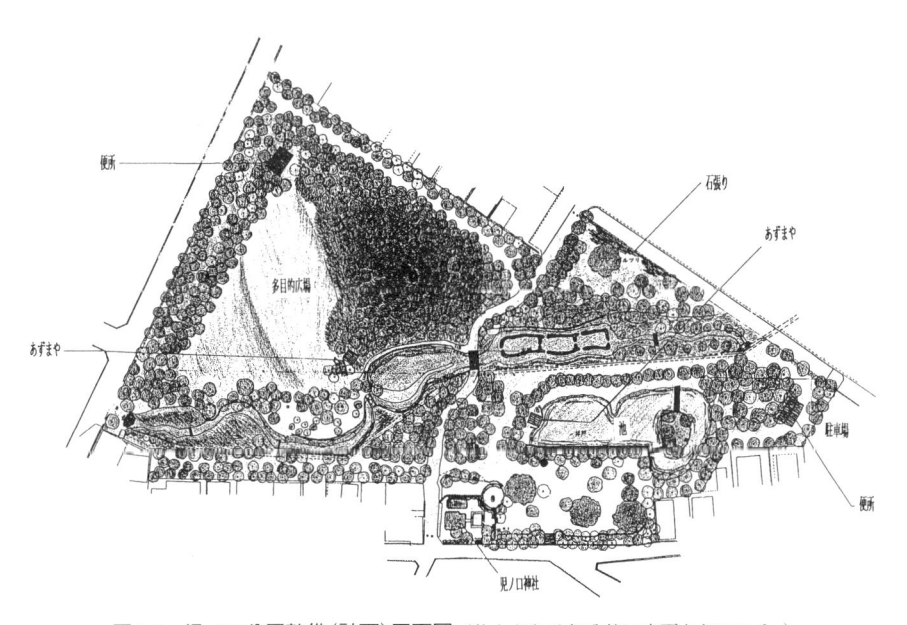

図6-3 児ノ口公園整備(計画)平面図 (仕上がりは部分的に変更されている。)

生態を知る

んで、その苗を植栽したことである。識者と業者の知識のギャップから、指定樹種が間違っていたりで、計画通りにすべて旨くいかなかった面もあると思われるが、第三者から見ればほぼ70％以上は設計の趣旨が込められた仕上がりになっている。

公園整備前後の平面図は図6-2と図6-3に示した通りである。工事期間は1994, 1995年度にまたがり、1995年夏に完成した。その後の管理は、地元住民が構成する愛護会（後に管理協会に発展）が実施しており、場所ごとに時期をずらせた草刈りや、過度に陥らぬ樹木の剪定など緻密な環境管理が行われている。ミニ田圃などで古代米を栽培収穫するなどの市民の自由な発想による触りしろも保証され、夢多い市民のコミュニケーションの場としても、十分に機能を果たしているものと受け止めているが、こうした現実は予期せぬ効果とされるだろう。

2）お釣土場水辺公園

矢作川右岸にあり、豊田市矢作川研究所が実施した1995年度の川辺環境調査（田中ら、1997）では、大規模な竹林のため、著しく調査が難航した所である。竹（マダケ）の密度は人の侵入を許さず、その中で活動する昆虫すら僅かしか認められなかった。しかし、なぜか竹林を越える高木層としてエノキ、ムクノキが聳え、竹林に圧迫された形で痩せたヤブツバキが亜高木層を形成していた。異常と思えるほどのマダケの優占した植生に手を加え、マダケを伐採して高木層、亜高木層、低木層、林床植生の調和の取れた森林整備を、1996年度末に実施した。人跡未踏に近い川辺林の親水公園化である。ただし、川辺の竹林には護岸作用があるとの説も根強く、植生としても竹の繁茂してきた歴史を一挙に払拭するような荒療治は行わず、竹の皆伐区、間伐区、保護区をモザイク状に配置し、伐採後の経過を追跡しつつ川辺林の管理手法を学ぶ研究林と位置づけをして現在にいたっている（洲崎、1998）。

整備前のマダケの繁茂密度と整備後の林の姿は、写真6-8～写真6-11に見られる通りである。新見（1998）は、整備後に現出したこの川辺林を「神の領域」と表現したが、きわめて優れた森林景観が注目されるところとなった。

整備工事完了直後から、開かれた部分の林床には予期されなかった形で十分鑑賞に堪えうる素晴らしい植生がみられるようになった。完了直後の春から、林床にはこれまで日照が抑えられて発芽できなかったと思われる草本・木本の種子が一斉に発芽し、

6 自然公園づくりとチョウ類の生息状況

写真6-8 伐採前のマダケの密林

写真6-9 マダケの皆伐区と間伐区

写真6-10 遊歩道から見える矢作川

写真6-11 造成後1年たった遠内遊歩道

写真6-12 竹林伐採1年後のエノキ大木とその根際に繁りだしたチャノキ

写真6-13 竹林伐採後の林床に大量に繁茂しはじめたホウチャクソウの新芽

生態を知る

植物の多様度が一挙に高まった（写真6-12）。里山の林床植物として代表的なニリンソウ、ウラシマソウ、ホウチャクソウなどが広く繁茂するようになったのである（写真6-13）。この二次林的植生の成り立ちについての調査は、すでに行われている（中坪・洲崎、1998）。そこには比較的最近30年余の人為の影響が見られるというのは、まったく驚き以外の何者でもない。

矢作川の川辺植生整備のモデル実験林として、現在は豊田市矢作川研究所の管理下に置かれている。現在散策路の歩行通行は自由であるし鑑賞することをむしろ歓迎するものであるが、有名な植物は持ち去られることが多く、管理整備員が現状改変行為を慎むようにお願いしている。

こうした林床へ日射のある森林は、これまでの常識としてチョウの生息環境として優れており、意図していなかったことであるが、結果としてチョウ類の生息環境が造られたことになったように思われる。

6.3　チョウ類の調査

1）調査方法と期間

目視観察による確認種と個体数を記録した。原則的にはベルト・トランセクト調査の手法にしたがったが、一部の地点ではルートが交差したり、往復ルートになったりしたので、同一個体を複数回カウントした場面はかなりの頻度になると思われる。したがってこの調査では種の確認に重点を置き、個体数についてはその多寡を定性的に把握するにとどめたので、優占種を実測個体数によって明確に特定することはしなかった。

調査時間は日中であるが、とくに時間帯を定めず、調査回数は月1回で欠測となる月のないように行った。調査月は年間4〜11月の8回である。

児ノ口公園では、工事着工前は園内をルートを定めずにゆっくりと歩いたが、造成中は観察を行わなかった。造成後は設計通りに通路が限定され、見通しが利かなくなる場所もできるので、工事着工前に比べ調査時間が大幅に延長された。それでも公園の規模が大きくないので、調査に要した時間はすべて1回当たり1時間以内となった。調査は着工前1993年7月から1994年6月まで1年間（計8回）、完成後は1994年6月から

6　自然公園づくりとチョウ類の生息状況

1996年11月までの2年5か月(計21回)である。

　お釣土場水辺公園においては工事着工前は森林周縁部(ただし、堤防上道路を主体とし、汀の部分は下流側1地点以外は手が付けられていない)の調査結果に終始したが、工事完了後は堤防道路と汀の中間に幅約3m、長さ約400mの歩行路ができたので、これを往復するルートで調査した。1回当たりの調査所要時間はすべて1時間以内であった。調査は1996年の4〜11月(計8回)を着工前とし、1997年4月以降1998年8月まで(計13回)を完成後として実施した。

　2) 調査結果

　以上の方法によって調査した結果は表6-2(1)、(2)に示した通りであるが、調査地から半径1kmおよび3km圏内に生息する種との関係を把握すべく、種ごとの生息状況をあわせて示してある。

　それら結果を集計し、自然公園造成前後のチョウ相の変化を集計して示したのが表6-3である。その表6-3の結果に明らかなように、公園整備によってチョウ類の確認種数は児ノ口公園で2倍余りの207％となり、お釣土場水辺公園では153％でいずれも大幅に増加し、工事によって消滅した種は皆無であった。ただこの両者の増加率の差もかなりあり、その原因は工事完了後の時間経過すなわち実質調査期間の差の表れかもしれない。

　解釈上の問題点はあろうが、これら種数増加の事実は、公園の整備がチョウ類の生息環境整備を念頭にいれていなかったにしても、結果的に好適な生息環境を提供したことにつながったものと考えるのが妥当である。

　表6-4はチョウ類を科別に分けて比較したものであるが、種数増加に寄与したのは両公園ともにタテハチョウ科が著しく、飛翔力の強さが分布拡大に大いに効果を持つであろうことを示唆する結果になっている。ついでシジミチョウ科であるが、これは2公園で異なったパターンを示し、児ノ口公園では草地の生息種と移動性の強い種ですばやく補充されたのに対し、お釣土場水辺公園では竹藪周辺に生息したものが、単に開かれた林内に侵入しただけのものにすぎない。周辺地域からの補給を無視できないのは勿論であるが、1kmおよび3km圏に多く生息する種の公園への波及という面では、テングチョウ科は最も積極的に分布拡大能力を持ち、シロチョウ科も能力が高い。ジャ

表6-2(1) 造成自然公園およびその周辺のチョウ類 （愛知県豊田市内、1988年8月現在）

公園名称	児ノ口			お釣土場水辺			備考
半径km距離範囲	0	1	3	0	1	3	
アゲハチョウ科							
ギフチョウ	×	×	×	×	×	●	3km内に遺存的分布
ジャコウアゲハ	×	△	●	●	●	●	川辺堤防に生息
アオスジアゲハ	*●	●	●	●	●	●	社寺林に多い
アゲハ	*○	●	●	*○	●	●	普通、発生源は市街地民家？
キアゲハ	*●	●	●	*●	●	●	畑と川辺のセリ科で発生
オナガアゲハ	×	×	×	×	○	●	丘陵地に発生、少ない
クロアゲハ	*○	●	●	*○	●	●	普通、発生源は市街地民家？
モンキアゲハ	×	×	○	○	○	○	近年増加傾向、発生地不明
カラスアゲハ	×	△	●	△	△	●	丘陵地に発生、川辺に出現
ミヤマカラスアゲハ	×	×	△	×	×	○	発生地不明、市街地にも出現
シロチョウ科							
キチョウ	*◎	●	●	*◎	●	●	普通、市街地ではハギ類に発生
ツマグロキチョウ	×	×	×	×	×	○	極めて稀、近年減少顕著
モンキチョウ	●	●	●	*●	●	●	クローバがあれば発生
モンシロチョウ	*◎	●	●	*◎	●	●	主にイヌガラシに発生
スジグロシロチョウ	●	●	●	●	●	●	前種と競合、竹林にはいない
ツマキチョウ	●	●	●	●	●	●	市街地公園にも積極的に進出
シジミチョウ科							
ムラサキシジミ	●	●	●	*●	●	●	カシ類があれば、定着傾向大
ウラゴマダラシジミ	×	×	●	×	×	●	丘陵地の林緑部に発生
アカシジミ	×	×	●	×	△	●	丘陵地のコナラ林に発生
ウラナミアカシジミ	×	×	●	×	×	●	同上
ミズイロオオガシジミ	×	×	○	×	×	○	同上
ミドリシジミ	×	×	●	×	×	●	丘陵ため池畔のハンノキに発生
オオミドリシジミ	×	×	○	×	×	●	丘陵地のコナラ林に発生
トラフシジミ	●	●	●	×	●	●	丘陵地、川辺のフジで発生
コツバメ	×	×	●	×	×	●	ツツジ科のある丘陵地
ベニシジミ	●	●	●	*●	●	●	スイバ類のある草地に多い
ウラナミシジミ	○	●	●	○	●	●	畑地が少なく、個体数少
ルリシジミ	*○	●	●	*●	●	●	飛来個体市街地に良く見られる
ツバメシジミ	●	●	●	◎	●	●	クローバ草地があれば普通
ヤマトシジミ	*◎	●	●	*◎	●	●	市街地に最も多い
ウラギンシジミ	○	●	●	*●	●	●	とくに秋以降市街地にも多い
テングチョウ科							
テングチョウ	*●	●	●	*●	●	●	川に近い市街地のエノキに発生
マダラチョウ科							
アサギマダラ	×	△	△	×	△	△	秋季以降時々市街地でも見る

凡例　　* 造成前確認種　　　　　● その地で発生しているもの　　　　△ 時々見かけるもの
　　　　◎ 造成公園での優占種　　○ 確実に見られるもの　　　　　　　× 全く見かけないもの

6 自然公園づくりとチョウ類の生息状況

表6-2(2) 造成自然公園およびその周辺のチョウ類 (愛知県豊田市内、1988年8月現在)

公園名称	児ノ口			お釣土場水辺			備考
半径km距離範囲	0	1	3	0	1	3	
タテハチョウ科							
ウラギンヒョウモン	×	×	○	×	×	○	秋飛来、定着せず、少ない
ウラギンスジヒョウモン	×	×	○	×	○	○	同上
オオウラギンスジヒョウモン	×	×	○	×	×	○	同上
クモガタヒョウモン	×	×	○	×	×	△	
メスグロヒョウモン	×	×	○	○	○	●	丘陵地に多い、秋市街地に来ず
ミドリヒョウモン	△	○	○	○	○	●	秋市街地飛来
ツマグロヒョウモン	*○	●	●	*○	●	●	近年最も増えた普通種
コミスジ	×	●	●	*●	●	●	丘陵、川辺に多い、フジにつく
オオミスジ	×	×	○	×	△	●	丘陵地のウメに発生
イチモンジチョウ	×	●	●	*●	●	●	堤防のマント群落、少ない
アサマイチモンジ	×	●	●	●	●	●	同上
アカタテハ	○	●	●	●	●	●	川辺のカラムシに発生
ヒメアカタテハ	*○	●	●	●	●	●	堤防のヨモギに発生
ルリタテハ	△	●	●	*●	●	●	川辺林内空地のシオデに発生
キタテハ	*○	●	●	*◎	●	●	市街地でもみるが発生は川辺
ヒオドシチョウ	●	●	●	●	●	●	児ノ口のエノキでも発生
コムラサキ	●	●	●	*◎	●	●	川辺から市街地にも移動
ゴマダラチョウ	△	●	●	*●	●	●	竹林伐採で増加、市街地に侵入
オオムラサキ	×	×	×	×	×	●	丘陵地から出ない、蜜源を要す
ジャノメチョウ科							
ヒメウラナミジャノメ	×	●	●	*◎	●	●	林緑、疎林に多い
ヒカゲチョウ	×	×	○	●	●	●	ササの多い丘陵地のみに生息
クロヒカゲ	×	●	●	*●	●	●	丘陵地に多く、川辺は少ない
ジャノメチョウ	×	●	●	●	●	●	林緑に多いが、川辺にはいない
サトキマダラヒカゲ	×	●	●	*○	●	●	竹林にはいない、ヤナギで吸蜜
オオヒカゲ	×	×	×	×	×	×	スゲ湿地に大発生、丘陵地のみ
ヒメジャノメ	*●	●	●	●	●	●	イネ科の草地に多い
コジャノメ	×	●	●	*◎	●	●	暗環境を好む、川辺林には多い
クロコノマチョウ	△	●	●	*●	●	●	最近増加、移動個体市街で見る
セセリチョウ科							
ミヤマセセリ	×	×	○	×	●	●	丘陵地では多い、川辺に未侵入
ダイミョウセセリ	×	●	●	●	●	●	川辺でも発生、林緑に多い
キマダラセセリ	△	●	●	*●	●	●	タケ類の多い川辺でごく普通
コチャバネセセリ	×	●	●	×	●	●	丘陵地のみ、最近減少気味
ホソバセセリ	×	×	○	×	●	●	近年激減、非常に少ない
ヒメキマダラセセリ	×	×	○	×	●	●	丘陵地の林内空地に普通
チャバネセセリ	*●	●	●	*●	●	●	市街地の花壇にも普通に飛来
オオチャバネセセリ	×	●	●	●	●	●	最近復活、川辺に少なくない
イチモンジセセリ	*◎	●	●	*◎	●	●	市街地でも夏以降最も多い

生態を知る

表6-3 自然公園造成前後および周辺産チョウ類の種数比較
(時々見かけるものを含む)

公園名	児ノ口公園	お釣土場水辺公園
造成前種数	15	30
造成後種数	31	46
造成後増加率%	207	153
半径1km圏の種数	45	58
対造成後率%	145	126
半径3km圏の種数	63	70
対造成後率%	203	152

表6-4 都市公園および周辺のチョウ類の科別種数と優占種

公園名	児ノ口公園				お釣土場水辺公園			
科	造成前	造成後	1km圏	3km圏	造成前	造成後	1km圏	3km圏
アゲハチョウ	4	4	6	8	5	7	8	10
シロチョウ	2	4	5	5	3	5	5	6
シジミチョウ	2	7	8	12	5	8	13	15
テングチョウ	1	1	1	1	1	1	1	1
マダラチョウ	0	1	1	1	0	1	1	1
タテハチョウ	3	9	13	18	8	13	16	19
ジャノメチョウ	1	2	6	9	5	6	8	9
セセリチョウ	2	3	5	9	3	5	6	9
計	15	31	45	63	30	46	58	70
優占種	優占順位				優占順位			
	ヤマトシジミ イチモンジセセリ モンシロチョウ キチョウ				ヤマトシジミ イチモンジセセリ キチョウ コミスジ キタテハ ヒメウラナミジャノメ モンシロチョウ コジャノメ コムラサキ			

写真6-14　薄日の射し込む場所に多いヒメウラナミジャノメ

ノメチョウ科(写真6-14)は市内産種数に比べ児ノ口公園で著しく少ない。この科は都市への侵入が難しいらしく、開放環境が適さない性格が現れている。表6-2(1)に明らかであるが、1km圏からお釣土場水辺公園への補給が最も難渋しているのはシジミチョウ科であり、とくに森林性のシジミチョウ科は比較的移動しにくいという結果が出ているのが注目される。これは河辺のコリドーに樹種の多様化という中味が整わぬ限り、周辺地域との均質化は実現しないのではないかとの示唆を与える。

造成後の種数と1km圏の種数差および1km圏の種数と3km圏の種数差は、児ノ口公園・お釣土場水辺公園のいずれで見ても、後者のほうが少ない。これは環境の連続性がすでに成立しているかどうかの相違によるもので、後者の方が現実に密接な連続性を持つことを示している。

今後の継続的調査によりさらに確認種は増加することが予測されるが、整備後の植生の推移によってどのような群集構造がつくられるかという点に関心を向けると、公園内で「発生」の確認された例はまだ少なく、チョウ相が安定的に成立したものとはいえず、今後調査すべき問題点は多々あるとの印象が強い。

生態を知る

6.4 考　察

① 児ノ口公園においては、造成後わずか3年足らずで種数が2倍になっている。造成前には、ヤマトシジミ以外は環境的に定着できない植物構成であった。造成後、この公園では11種の定着と見られるチョウがいて、植物環境の整備効果は明らかなように思える。しかし、そのうちヤマトシジミ、イチモンジセセリ、モンシロチョウ、キチョウ（優占順位で羅列）の4種が、圧倒的に個体数が多く、これらの幼虫期の食餌植物がキチョウのハギ類以外はいずれも植栽されたものでないことから、予期せぬ効果が上がっているにすぎないことを示すものである。ただ、都市に造られる人工的な自然公園では、ここに掲げられたような優占種の繁栄が通常の姿と見ることができる。造成後最も多くの構成種数を提供しているタテハチョウ科から優占種が1種も出ていないのは、定着を保証する植物環境の完成度の低さを物語る。

② お釣土場水辺公園では、造成後1年で153％の種数に達したが、造成前の種数がすでに児ノ口公園造成後3年目の種数を越えており、もともと種数の多かったことが分かる。しかしそれでも53％アップであることは、都市内部の樹木植栽とは逆に、竹の伐採という見掛上は「緑の減少」につながる行為が、種の多様性を高める要因であることを証明した。優占種は9種を挙げた。これは群を抜いて優占する種の少ないことを示すもので、1、2位は児ノ口公園と同種であるが、残り7種の中に児ノ口公園で優占することのなかったタテハチョウ科が3種も含まれ、飛翔力の有無に関係なく移動定着を促す植物環境が整っていることを示している。

③ 半径1km圏との種数比較では、造成後でも児ノ口公園で14種少なく、お釣土場水辺公園では12種少ない。両公園ともに1km圏との交流が不十分であるが、造成後の時間経過が短いことを考慮すれば、後者のほうが急速に均質化が進行しているように思われる。しかし、両者の差が決定的に開いているわけでなく、むしろ僅かであると考えるのも、公園の当初の立地条件が、お釣土場水辺公園のほうが1km圏内の好環境に近い位置にあり、これに遠い児ノ口公園ではむしろ高度に均質性を進めていると考える方が無理がないのかもしれない。

④ 半径3km圏との種数比較では、造成後児ノ口公園とは32種の差があり、かなり疎遠な状態である。これに対しお釣土場水辺公園では23種の差に止まり、疎遠の度合

いは少ない。雑木林に富んだ丘陵地を多く含む3km圏には、その環境に特異な種が生息している。それらを有効に公園に導くには、環境整備が積極的にコリドーなどの配置とその質的内容に踏み込んで実施されぬ限り、不可能なように思われる。とくに雑木林の主要種であるコナラ属などを幼虫期の食餌植物とするシジミチョウ科やその樹液を成虫期の食餌とする多くの種にとっては、現在の川辺の緑はこうした樹種を欠く構成であるために利用価値が低く、有効なコリドーとはなり得ていないと思われる。児ノ口公園には、雑木林構成樹種が植栽されているが、ここに至るコリドーは整備されていない。単にチョウの飛翔力に期待するだけの、企画上の欠陥を抱えた状態にある。

⑤ 街路樹は緑の連続性として評価したいところであるが、道路ごとに単一樹種であることが多く、多様性は論外のことである。さらに幹に近い分枝部分まで剪定して切り落とす「名古屋方式」の街路樹管理が採用され、とても緑で有り得ない状態が夏以降に現れる。児ノ口公園での観察では、車両の通行量の多い道路ぞいに街路樹を伝わって飛んで来るチョウはまったく認められず、多くは一般家庭の庭や屋根越しに入り込んできた。このことは、民家の庭園の植え込みのパッチ状の配置が、かなり有効なコリドーになっているのではないかと推測させる。自然豊かな街づくりには、民家の庭園の在り方を考え、推奨樹種の植栽依頼などの協力を取り付けるほうが有効であろう。コリドーの質的向上が、チョウ類の導入に関してはかなり重要である。おそらく鳥類についても同様の考え方が共有できるものと思われる。

まとめ

愛知県豊田市において平成7～8(1995～1996)年の間に相次いで造成された市内の二つの自然公園「児ノ口公園」と「お釣土場水辺公園」の整備後の環境回復評価を、整備前後のチョウ類の種数調査によって行った。

造成前の環境条件がまったく異なり、また整備の方法が正反対の二つの公園において、それぞれに短期間に種数増加が見られた。チョウ類の生息環境が成立してほしいという同一目標への期待は、造成後の初期段階ではかなり着実に実現していきそうな気配がある。しかしそれは多様性に乏しい初期段階の環境修復にとどまり、より高度な多様性が期待される今後は、半径1kmおよび3km圏内で確認されているチョウ類と

生態を知る

の比較によって、その均質化の進行が失速する可能性があるものと推測された。

　これを補うには、コリドーの整備が欠かせない。それはただ表面的に「緑」が連続しているだけでは意味がなく、植生の多様化などの質的内容を伴う必要性がある。

引 用 文 献

中坪孝之・洲崎燈子（1998）：矢作川の植生とその管理に関する研究．矢作川研究、No.2, pp.113-127.
日本鱗翅学会自然保護委員会編（1992）：チョウの飛ぶ街．やどりが特別号、pp.25-27.
新見幾男（1998）：続・良く利用されなお美しい矢作川の創造を目指して ― 近自然工法による水辺林整備と神の領域 ―．矢作川研究、No.2, pp.1-4.
洲崎燈子（1998）：よりよい水辺公園の管理とは（3）．Rio., No.4, pp.3-4.
田中　蕃ら（1997）：矢作川河岸・越戸平井地区の昆虫．矢作川研究、No.1, pp.81-107.
田中　蕃（1999）：二つの人工的自然公園でみられるようになった蝶類．矢作川研究、No.3, pp.117-133.
田中　蕃（2000）：豊田の昆虫Ⅴ ― チョウとガ ―．p.119、豊田市自然保全課.

合意のために

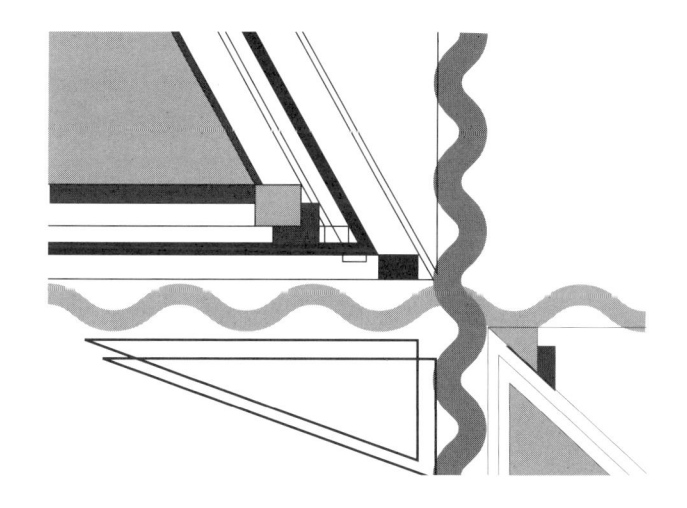

7

マルタウグイ産卵水域および産卵生態の観察

中本 賢

　多摩川の中下流域で、川好きのお年寄りと河原で立ち話すると、必ず出てくる魚の話がある。マルタウグイ(**写真7-1**)。遠い多摩川の思い出を語る中で、少々感傷的な気分にまぶされる「どうだ、お前は知らないだろ……」的な満足とともに、その話は進む。"マルタウグイ"確かに面白い名前である。しかし、この変わった名前も、姿を見ればすぐに頷ける。その名の通り、マルタのように立派なウグイなのだ。体長は40〜50cm、産卵期にはお腹にオレンジの鮮やかなシマ模様が入り、丸々と太った、ほかに

写真7-1　産卵のために多摩川を河口付近から遡上してきたマルタウグイ

ない迫力がある。お年寄りの話は、さらに続く。「いやー、あれがいっぱい居てサー、よく網で打ったり釣ったりして遊んだもんだヨ」そして、最後はお決まりの「あー、昔は良かったなァー」と、5月の空を見上げたとこで終わることになっている。

その昔とはいったい、いつ頃の話なのだろうか。答えがまちまちなので、正確なところは分からないが、お年寄りの皆さんが最後にマルタウグイと遊んだという記憶は、だいたい昭和30年代の頃の話だそうだ。私が生まれた頃の多摩川が、どんな川だったのか知るよしもない。

その後、高度成長期が進むにつれて多摩川の水質も悪くなりはじめ、一時期はマルタウグイの姿もほとんど見かけられなくなったそうだ。しかし、時代は平成に入り、流域住民の環境意識も大きく変わり、様々な方々の努力もあってか、近年、春の産卵期にはオレンジ色にお腹を染めたマルタウグイを中流域でも普通に観察できるようになった。多摩川が、いつの間にか遠い昔にもどりつつあることを実感している。したがって、今度の河原での立ち話には、少々希望に満ちあふれた気分で、そっとそのことを教えてあげなければならないと思っている。

――多摩川――
全長138km。山梨県笠取山に流れを発し、奥多摩地区の山間部をへて、東京西南部を流下、東京湾に至る。
中下流域では、首都圏の人工密集地帯を流れ、近世から現代に至る首都圏の生成発展に著く貢南だした。また、その変革に共なう多摩川とその流上域における自然、文化、及び社会王環境等の変貌は、日本の河川流域の変貌のひとつの典型例となっている。
一時は河川の汚染が進み、異臭を放つほどになったが、流域住民の感心も高まり、数々の自然回復の試みがなされるようになり、近年のその回復ぶりには目を見張るものがある。
流域面積1,240km²、流域人口は、約427万人とされている。

7 マルタウグイ産卵水域および産卵生態の観察

7.1 産卵場所観察

　私の住む河口から24km付近の多摩川で、マルタウグイの大きな産卵群が見られるようになったのは、6年前の1995年頃からである。以降、その数は年々増し続けているように思う。特に、約1km下流にある二ケ領宿河原堰堤の改築工事が終わって、新しい魚道が開通するのと同時に、その数は飛躍的に伸びている。

　以来、毎年3月下旬から5月の上旬頃まで、大きな群れとなった産卵群が、あちらこちらで水しぶきを上げて産卵を繰り返しているから放ってはおけない。今回報告する観察期間は、2001年3月22日から5月25日までで、観察区域は図7-1に示した。

　さて、マルタウグイはどんなところで産卵しているのだろうか。他の魚にもよくみられるように、マルタウグイも瀬の中で産卵する。何故、わざわざ流れの強い瀬の中で産卵するかは、いろいろな説があるが、どれも正しい気がしている。どのような説があるかというと、

① 生んだ卵が他の魚に食べられない。
② 流速が速く、石間を伏流する流れもあり、卵が酸素を十分に補給できる。
③ 孵化した仔魚がいち早く流下できる。

　いずれも、産卵環境としてなくてはならない条件でもある。では、実際のマルタウグイの産卵場所について、多摩川で調べた結果を報告する。以下は、今年度（2001年）

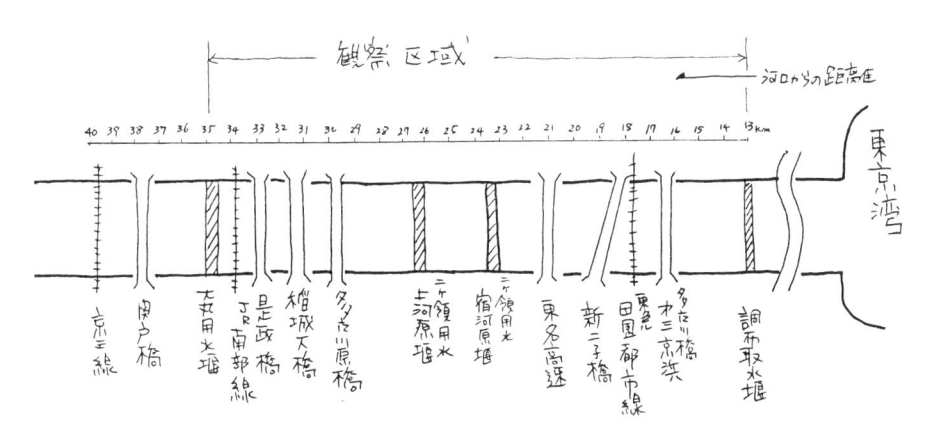

図7-1　多摩川下流域（河口より30km）

合意のために

の観察の中心となった、二ケ領用水上河原堰と宿河原堰付近での産卵状況である(**写真7-2、写真7-3**)。

写真7-2　観察地点：二ケ領用水上河原堰、魚道入り口

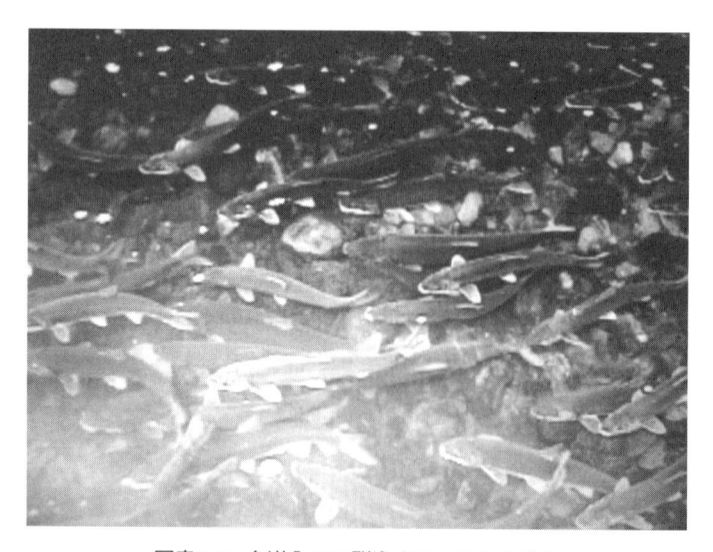

写真7-3　魚道入口で群泳するマルタウグイ
この場所を上流へのぼるためだけではなく、もっぱら魚道の外の流れを産卵床として利用していた。

1）二ケ領用水上河原堰

　堰の下流部には全部で8ヶ所の瀬があったが、うち産卵床として利用された瀬は、図のⒶ、Ⓑ、Ⓒ3ヶ所であった（図7-2）。

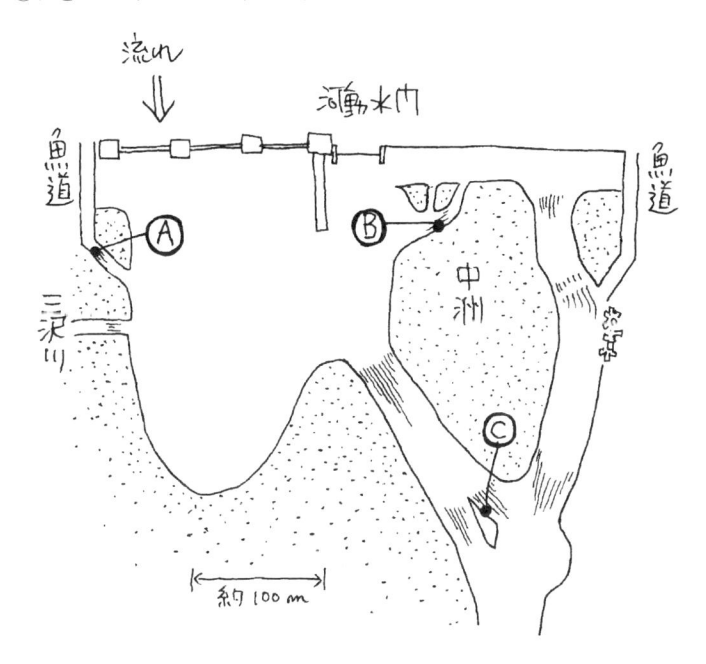

図7-2　二ケ領用水宿河原堰下流部全体図

a．瀬Ⓐ — 右岸魚道出口（図7-3⑴）

- 産卵群確認延べ日数　：11日
- 産卵群数　　　　　　：最小20～30匹、最大300～400匹
- 流水形態　　　　　　：水深17cm、平瀬内岸寄り
- 川床状況　　　　　　：砂利（平均径6～8cm）、付着珪藻類および水アカなし

　産卵行動のあった流れは、封鎖されていた魚道出口をショベルカーで掘削し、新らしく生まれた流れである。人通りの多い場所だったが、ほとんど散る様子もなく産卵を繰り返す。魚道入り口だが魚道に入る気配はなく、手前の平瀬内に留まっていることが多かった。魚道によって下流側できた瀬が、産卵に適切な場所になっているようであったが、いる日といない日が、はっきりと分かれる場所でもあった。

合意のために

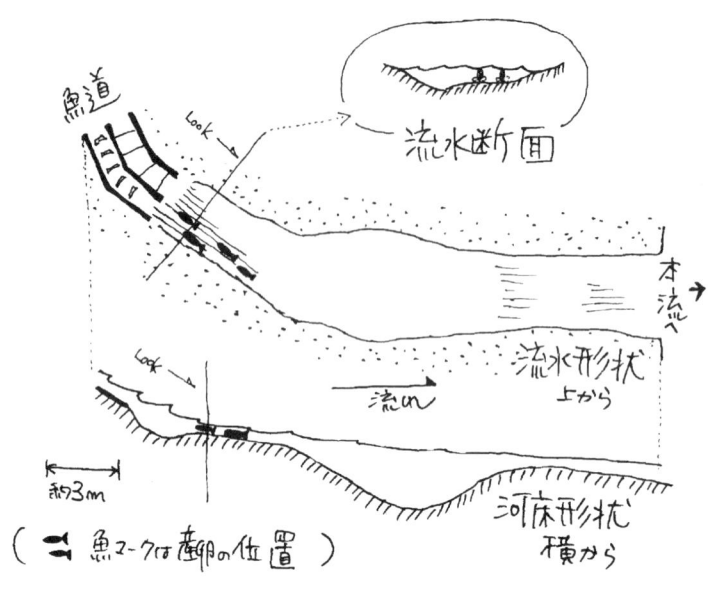

図7-3(1)　瀬Ⓐ － 右岸魚道出口

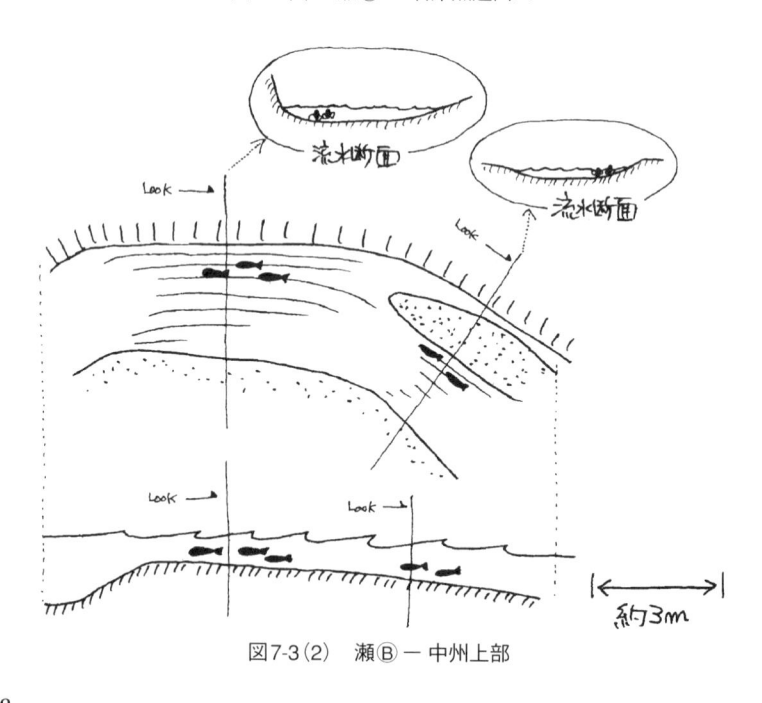

図7-3(2)　瀬Ⓑ － 中州上部

b．瀬Ⓑ － 中州上部（図7-3(2)）
- 産卵群確認延べ日数　：9日
- 産卵群数　　　　　　：最小10〜15匹、最大50〜70匹
- 流水形態　　　　　　：水深22cm、平瀬内岸寄り
- 川床状況　　　　　　：砂利平均4〜5cm大、付着珪藻類および水アカなし

前年の台風時にできた新しい流れで、底質も全面良好だった。

c．瀬Ⓒ － 中州下合流部（図7-3(3)）
- 産卵群確認延べ日数　：9日

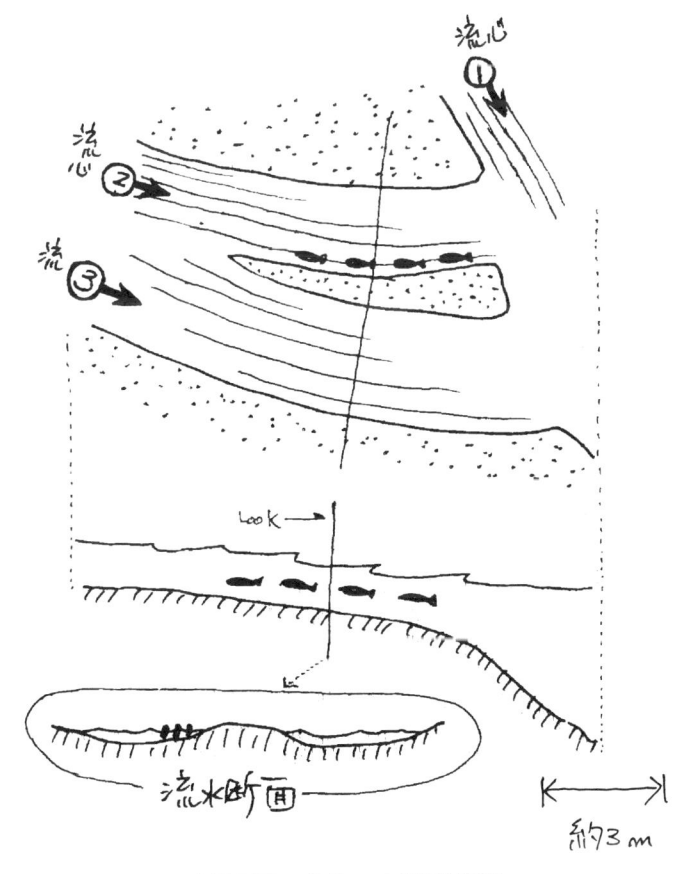

図7-3(3)　瀬Ⓒ － 中州下合流部

合意のために

- 産卵群数　　　　　：最小8～10匹、最大20～30匹
- 流水形態　　　　　：水深16cm、平瀬内岸寄り
- 川床状況　　　　　：砂利平均5～7cm大、付着珪藻類および水アカなし

　流心②は、増水時に削れてできた新しい流れである。流心①と③は石が水にもまれておらず、堆積した沈殿物や珪藻などで黒い底になっていた。流速、水深ともに同じ条件だったが、やはり底質は産卵床選びの中で大きな割合を占めるようだ。

２）宿河原堰下流部全体図

　堰から約600m下流付近を図に示す（図7-4）。それ以前の瀬では、マルタウグイの産卵群は確認できなかった。以下は、確認できたⒶ～Ⓓ地点の状況である。

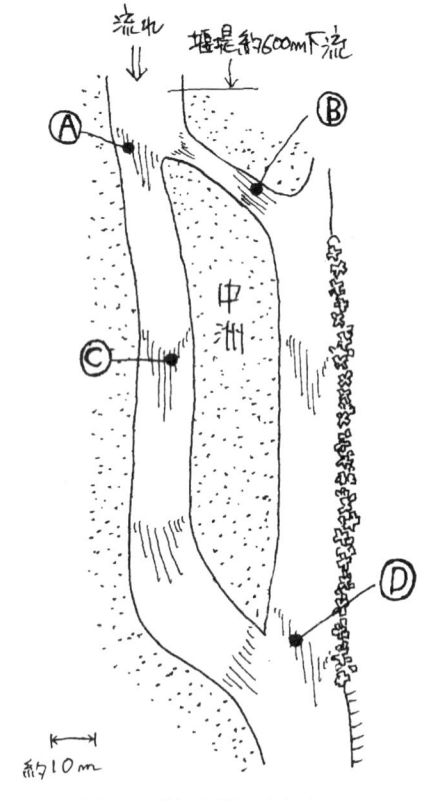

図7-4　宿河原堰下流部全体図

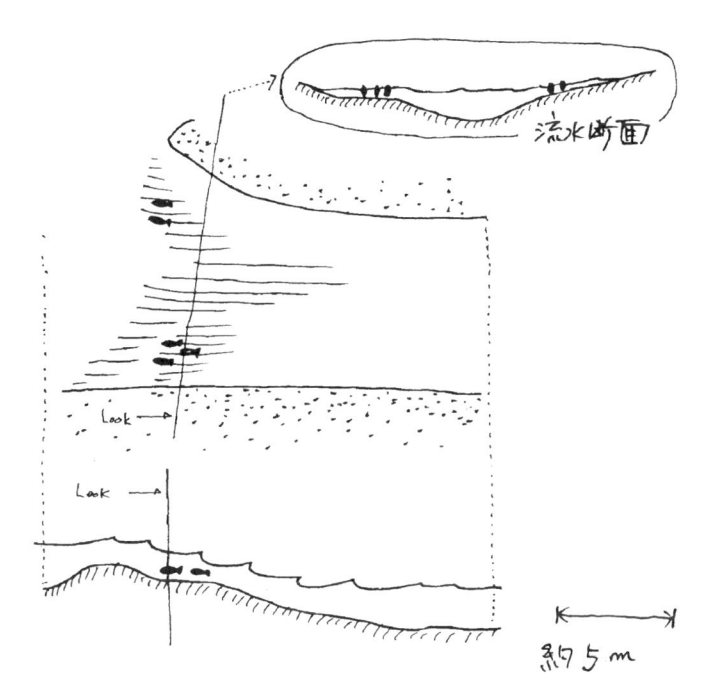

図7-5(1)　岸側Ⓐ － 堰下2段目右

a．岸側Ⓐ － 堰下2段目右（図7-5(1)）
- 産卵群確認延べ日数　：3日
- 産卵群数　　　　　　：5～8匹
- 流水形態　　　　　　：水深18cm、早瀬内にある淀み
- 川床状況　　　　　　：砂利平均4～6cm大、付着珪藻類および水アカなし

　川床の形状の変化により、早瀬内にある流れの緩む場所を利用していた。しかし、空間的に非常に狭いため、大きな群れとならずに産卵をしていた。

b．Ⓑ － 堰下2段目左岸合流口（図7-5(2)）
- 産卵群確認延べ日数　：4日
- 産卵群数　　　　　　：30～50匹
- 流水形態　　　　　　：水深1cm、早瀬内岸寄り
- 川床状況　　　　　　：砂利平均5～8cm大、左岸に当たる流れが削り落した砂

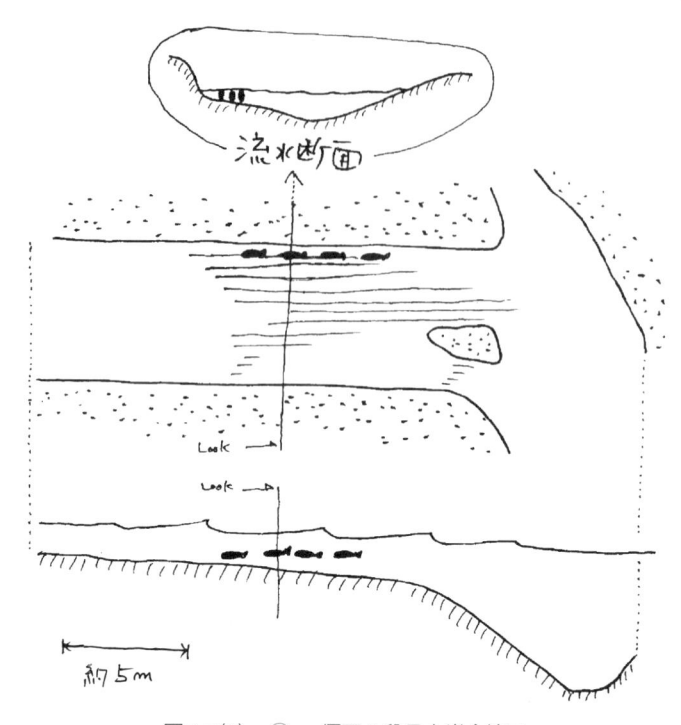

図7-5(2)　Ⓑ－堰下2段目左岸合流口

利のため付着物なし

　かなり浅い流れの中で、ものすごい水しぶきを上げて産卵していた。人の入ることはほとんどない場所。

c．Ⓒ－堰下右岸3段目（図7-5(3)）
- 産卵群確認延べ日数　：6日
- 産卵群数　　　　　　：最小30〜50匹、最大200〜300匹
- 流水形態　　　　　　：水深20cm、平瀬内流心脇
- 川床状況　　　　　　：砂利平均5〜8cm大、付着珪藻類および水アカなし

形状的に産卵場の条件を満たし、後方の淵には産卵を待機する大きな群れがある。

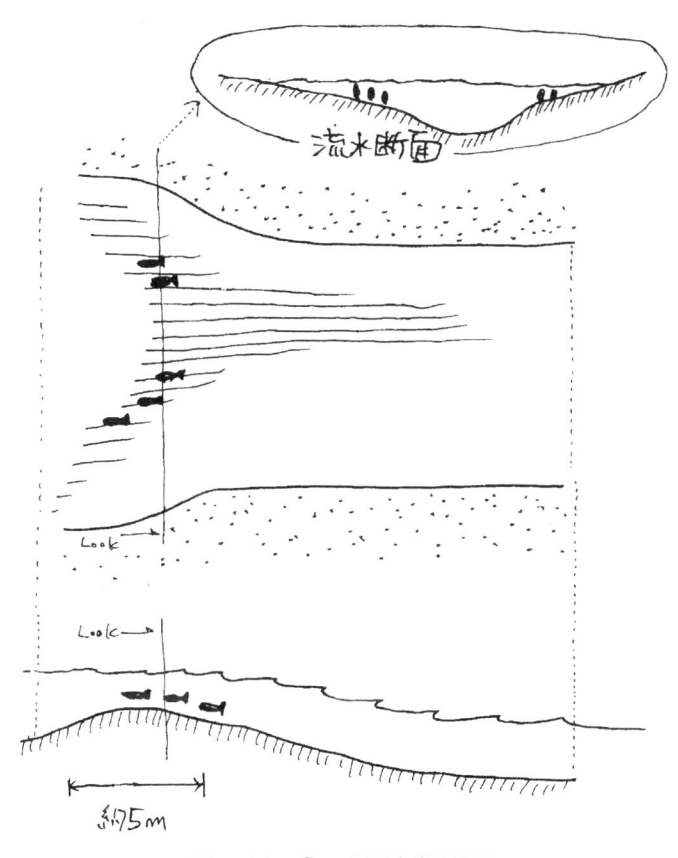

図7-5(3)　ⓒ － 堰下右岸 3 段目

3）東名高速道路橋上合流点（図7-6）
- 産卵群確認延べ日数　：3日
- 産卵群数　　　　　　：15～25匹
- 流水形態　　　　　　：水深17cm、平瀬内
- 川床状況　　　　　　：砂利平均4～6cm大、付着物なし、よく浮いた砂利底

深い淵を後方に持った広く長い早瀬。全体によく動いた砂利底のようで、踏むとふわふわしていた。

合意のために

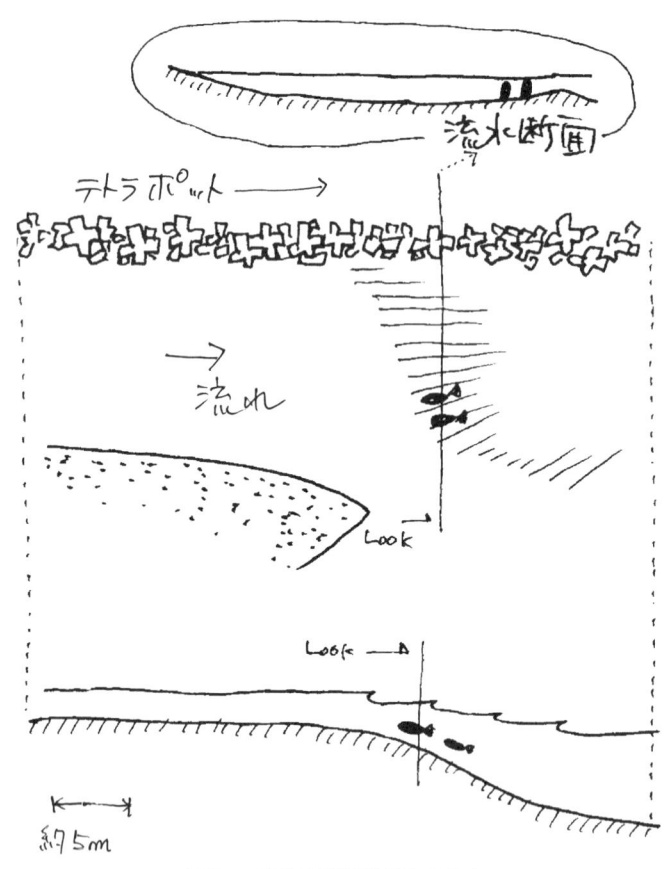

図7-6　東名高速道路橋上合流点

　以上7ヶ所の産卵状況を紹介したが、産卵確認数など、それぞれ巡回観察回数に違いがあるために、確認日数の多少がそのまま産卵床としての利用頻度とはならない。また、その他の箇所でも産卵行動を見受けることもあったが、産卵群数として10匹以下の箇所は省いている。

7.2　マルタウグイの産卵生態

　ここで示す産卵場所は、観察区域内で比較的大きな産卵群がいた場所である。しかし、共通する環境さえあればどんな小さな場所でも必ず産卵を観察することができた。

1）場所選びに共通する産卵環境

　7ヶ所の産卵床における環境条件の大きな共通点として、以下に示したような点があげられる。

- 瀬の状況として直線である。
- 流速が秒速1m以上（自作の流速計にて計測）ある、水深30cm未満の早瀬。
- 川底の石の状態が、大きさ（それぞれの底石の一番広い部分の長さ）の平均として約3cm以上6cm未満で、石の表面にヌル（川床に堆積した水アカ）や、珪藻類が付着してない。
- 産卵場とした早瀬の下流側に発達した深い淵がある。そうでもない所でも産卵行動はあったが、いずれも10匹未満の小さな群れだった。

観察区域内にあった15ヶ所の瀬の中で、この条件が揃うところは、すべての瀬で大小の産卵群が入っていた。したがって、この状況からみると、遡ってきたマルタウグイの数は相当の数だったと予測できる。

2）産卵行動

　産卵行動としては、ほぼウグイと同じで、瀬の中の最良の位置にメスが定位すると、周りのオスがサッと近寄ってメスの産卵の瞬間を待つ。メスの産卵が遅いと、周りのオスは体をメスにすり寄ってブルブルと体を震わせながら催促をする。メスの放卵とともにオスは一斉に飛び込んで射精する。水深が20cmほどの早瀬内なので、放卵射精の瞬間は大きな水しぶきが上がり（**写真7-4**、**写真7-5**）、陸の上からも産卵を容易に見つけることができた。

　水中の映像で確かめると、1匹のメスに対しての産卵群構成は、メスの両脇から射精するオスが2匹から3匹と実際は少なく、大半の突進してくるオスは卵を喰いに群がった、産卵に直接関係のないオスたちであった。産み付けられた卵は直径2mmほどの大

合意のために

写真7-4　水しぶきを上げる産卵の瞬間

写真7-5　メスの放卵に群がるオス

写真7-6　産みつけられた卵

きさで、多くが底にある石の側面側に付着していた（写真7-6）。かなり粘着性の高い卵で、水の中で強く揺すってもはがれることはない。

3）多摩川中流域における産卵期間

　産卵行動は本来は夜間であるが、最盛期になると昼夜関係なく瀬に出て水しぶきを上げている。産卵期は長く、多摩川では3月上旬からマルタウグイ成魚の姿が見えはじめ、4月上旬をピークにして5月中旬ごろまで観察できた。特に、4月初めの満月大潮日となった8～10日は日中から大きな群れをつくり、激しく水をたたく姿が随所で観察できた。

4）産卵群の体長変化

　3月上旬からはじまるマルタウグイの産卵を通して観察していくと、中流に到達するマルタウグイの体長が徐々に変化していくのがよくわかる。4月上旬頃までのマルタウグイは、捕獲してみると平均で50cm前後、中には60cmに届く大きさのものもいる。

合意のために

しかし、ピーク時が過ぎた5月上旬頃のマルタウグイは、平均で40cm前後に落ち着きはじめ、中には30cmの小型も交じりはじめる。体格のよい元気な魚から川を遡りはじめ、水温が上昇しはじめる頃には、体の小さな魚も遡りはじめるという遡上生態が想像できる。これはアユと同じで、遡上期と遡上末期の体長変化は、それぞれの遡上タイミングに何らかの関係があると考えられる。

7.3 産卵水域

では、マルタウグイは、この多摩川をどこまで遡って産卵しているのだろうか。3月22、23日、4月10日の計3日間を使い、多摩川におけるマルタウグイの産卵場所の上限と下限を探した(図7-7)。以下は4月11日の巡回観察の結果である。

- 天候：晴れ、水温：20℃、水量：33cm、透明度：50cm

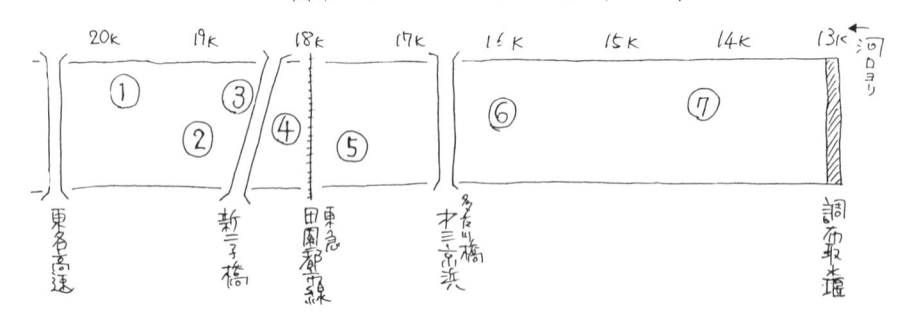

図7-7 産卵場の上流端周辺

1）上流端

大丸堰①の下流側を探したが、姿も卵もなし。川底の石も産卵床にするには、少々大きいゴロタ底だった。石間に沈殿物が溜まって石間を固めていて、川床全体がコンクリートのように固い。全体的に石にひどくヌルが付き汚れていた(**写真7-7**)。40年ここで釣りをやっているという方への聞き取りによると、一度もマルタウグイはここで見たことがないという。

7 マルタウグイ産卵水域および産卵生態の観察

写真7-7 水垢のついた川底

写真7-8 上流:唯一卵を見つけられた瀬

ポイント②～⑥もほぼ同様で、川底の状態が悪い。所々に産卵に集まりそうな瀬もあったが、いずれも長らく揉まれていない川底であり、水深、流速ともに適していても、産卵できる状態ではなかった。

ポイント⑦でマルタウグイの卵を発見した(写真7-8)。岸寄りのくずれて落ちた砂利底を使っている。幅30cm、長さ1mぐらいの小さな場所だった。上流端で唯一卵を見つけられた瀬である。川床の砂利底が良い状態になれば、もう少し上流側の水域で産卵も可能になるのかも知れない。この上河原堰の魚道をマルタウグイが遡ったことを確認できたのは、何よりの唯一の喜びとなった。

2）下　　流

上河原堰から東名高速道路橋下までは、すでに確認済みなので、観察を宇奈根1段目(ポイント①)からはじめた(図7-8)。宇奈根1段・2段(ポイント③～⑤)ともに瀬石に水草が付き、ほとんど川底が動いた気配はない。水アカ・ヌル落ちした場所がまったくないこともあって、卵は確認できなかった。

国道246号線の橋の下、二子玉川1段目(ポイント③～⑤)の途中にあった新しい瀬で卵があった(写真7-9)。瀬全体で石の状態が良い。トロから先、瀬の前は沈殿物やヌルが多かったが、流れそのものが新しい場所のようで、水深など産卵環境が整った場所には、卵が横一列に瀬を横切るように岸から岸へと帯状に卵があった。二子玉川の周りは、最下流の瀬の中にも状態の良い瀬には必ず卵がある。かなりの産卵群が、この周辺に定位した模様である。

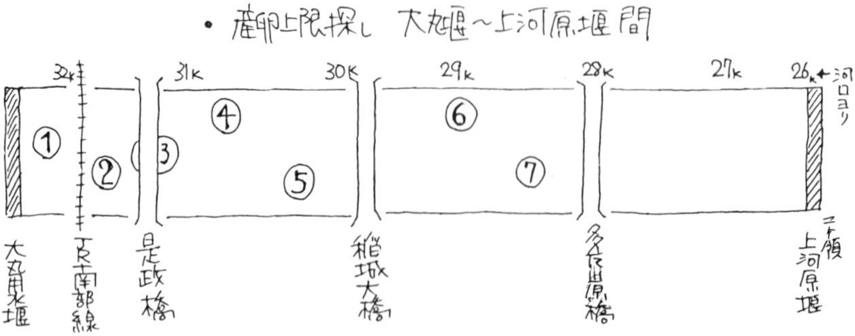

図7-8　産卵場の下流端周辺

7 マルタウグイ産卵水域および産卵生態の観察

写真7-9　産卵の痕跡を発見（国道246号線下）

　以下、上野毛の瀬（ポイント⑥）でも、崩れてきれいな石が広がっていた岸寄りの流れで卵を確認した。これより下流の巨人軍グランド前（ポイント⑦）は瀬がなくなり、全体的にトロ場になっており、卵やマルタウグイの姿は確認できなかった。

　今回の観察では産卵水域の上限は、河口から28.4km地点の多摩川原橋～稲城大橋間ということになった。しかし、川床状況が良ければ、さらに上限は上がる可能性もあり、引き続いて観察を続ける必要がある。産卵水域下限は、河口から15km地点の谷沢川合流地点下（ポイント⑥）で卵を確認したのが最下流端で、それより下流では底質、流速ともに適したところがなかったようだ。3回の巡回観察中にも、大きなマルタウグイの産卵群と出会うこともなかった。したがって、想像できる産卵水域は、下限河口15km地点から上限28.4km地点の13.4km間であった。その中で最も多くの産卵群が観察できたのは、河口18km新二子橋付近から22km地点の宿河原堰下までの計4kmであった。

　これは、ほぼアユの産卵水域と同じであり、降河、遡河にかかわらず、川で産卵する回遊性の魚が選ぶ産卵域には共通する事柄も多く、回遊魚の産卵床選びにどんな選択基準があるのか、今後の深い関心事となった。

121

合意のために

7.4　観察を通じて感じたこと

　改めて観察してみると、多摩川を遡上するマルタウグイのあまりの数に、実はかなりびっくりしている。この魚を多摩川で甦らすためにこれまで努力をされた方々には、心から敬意を表したい。平瀬の内に付いた数百のマルタウグイ産卵群は、まるで北海のシャケのようでもあり、とても大都市東京の多摩川とは思えない景色であった。このマルタウグイのふる里への帰郷（**写真7-10**）は、また新しく生まれた多摩川の豊かさそのものでもあり、希望に胸が膨らむ。

　年々多くの河川で環境の悪化が進む中、東京多摩川で起こる"年々良くなる現象"を、ひとつひとつの観察を通じて確認できる幸せを感じている。30年後、老人になった私が、河原でつかまえた青年に、いったいどんな立ち話ができるのか……、実はちょっと楽しみなのである。

写真7-10　多摩川を遡上するマルタウグイの群

8

ブラックバス問題に対する人々の認識とその現状

竹内　健

　ブラックバス（オオクチバス *Micropterus salmoides* やコクチバス *Micropterus dolomieu* などのサンフィッシュ科オオクチバス属の俗称）とブルーギル *Lepomis macrochirus* の放流は、沖縄県を除く各都道府県の漁業調整規則で禁止されているが、釣り人たちによる密放流は跡を絶たないようである（秋月、1999；河北新報、2000；読売新聞、2000aなど）。

　事実、井の頭池にブルーギルを釣りに来ていた少年たちに話を聞くと、他の池に放流するためにブルーギルを釣っているという答えが返ってきた。この少年たちとの会話がきっかけとなり、井の頭自然文化園では2000年3月18日から8月31日まで、淡水域での外国産移入種問題を取り上げた特別展示「あやうし！　日本の淡水生物 ― 外来

生物の脅威 ─ 」を開催した。特別展示開催中には、「ブラックバスという魚は知っていたが、こんな魚とは知らなかった」という意見を何度も耳にした。前出の少年たちも、同様な意見であった。

　魚食性の非常に強いブラックバスやブルーギルが密放流された水域では、在来の多種多様な生物や漁業に少なからず影響や被害を与えていること（東、1999；中井、1999；自然環境研究センター、1999；全国内水面漁業協同組合連合会、2000など）が報告されている。また、バス釣りが盛んな水域付近では、釣り人と地元の漁業者や住民との間でトラブルが続発していること（朝日新聞、2001；読売新聞、1998；読売新聞、1999など）が報道されている。さらに最近では、疑似餌として使われるプラスチック製ソフトルアー（一般的にワーム）から内分泌撹乱物質（環境ホルモン）が溶出する可能性が指摘されている（朝日新聞、2000；細井、2000；読売新聞、2000bなど）。しかも、現在までに大量のワームが廃棄されている滋賀県の琵琶湖や神奈川県の芦ノ湖などでは、今後その影響が心配されるところである。

　このようなブラックバス問題はマスコミなどでも頻繁に取り上げられているため、多くの人々に認知されていると思っていたが、来園者や前出の少年たちの意見から推測すると、ブラックバス問題は意外と知られていないことなのかもしれない。そこで、今回のアンケート調査は、ブラックバス問題が実際にはどの程度、どのように認識されているかを調査する目的で実施することにした。

8.1　調査の方法

　特別展示期間中、水生物館内の特別展示会場に訪れた来園者を対象に実施した。調査方法は、特別展示会場内にアンケート用紙と回収箱を設置し、各質問に回答後投函してもらった。なお、今回の調査には、アンケートに回答していただくようにお願いしたり呼びかけるなどの行為は一切せず、すべて来園者の自由意志により回答してもらった。

　調査期間は2000年4月6日から8月31日までの開園日で、合計130日間行った。アンケート用紙は、図8-1のとおりである。表面には、5つの質問事項と各質問に対する回答をあらかじめ記し、回答者には各質問に対して該当する番号に〇印をつけてもらう

8 ブラックバス問題に対する人々の認識とその現状

（表面）

```
アンケート用紙
◇当てはまる番号に、○をしてください。
[質問1] ブラックバスやブルーギルを知っていましたか？
    1. 両方とも知っていた    2. ブラックバスは知っていた
    3. ブルーギルは知っていた  4. 両方とも知らなかった
[質問2] 小魚やエビが減少している原因にブラックバスやブルー
    ギルが大きく関係していることを知っていましたか？
    1. 知っていた    2. 知らなかった
[質問3] 魚釣りはしますか？
    1. はい    2. いいえ
       └─→ バス釣りの経験はありますか？
            1. はい    2. いいえ
[質問4] ブラックバスやブルーギルの放流が禁止されているこ
    とを知っていましたか？
    1. 知っていた    2. 知らなかった
[質問5] ブラックバスやブルーギルを放流した経験があります
    か？
    1. ある    2. ない
                        （裏面に続きます）
```

（裏面）

```
◇今回の特別展示について、ご感想をお聞かせください。




               年齢（   ）歳   性別（男 女）
               ご協力ありがとうございました。
```

図8-1　アンケート用紙

こととした。また、差し支えのない回答者には、年齢と性別、特別展示についての感想等を裏面に記入してもらった。

8.2　アンケート調査の結果

130日間の調査期間中、672人からの回答が得られた。そのうち51人については、その回答内容から明らかにいたずらと思われたため除外した。したがって、今回の調査対象は621人となった。

1）回答者の年齢と性別

10代ごとの世代別にみると、10～19歳からの回答が全回答者(621人)の33％(206人)で、最も多かった。以下、30～39歳からの回答が15％(95人)、20～29歳からの回答が14％(89人)と続いた（図8-2）。

合意のために

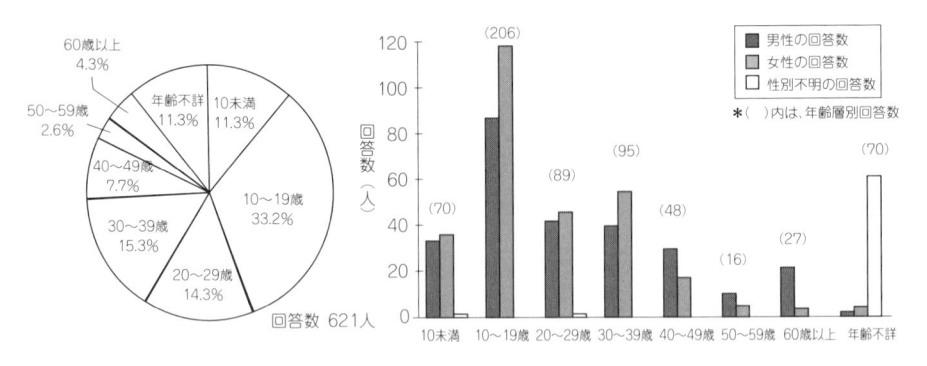

図8-2　回答者の年齢構成(左)と男女別回答数(右)

　男女別の傾向としては、男性(268人)よりも女性(289人)の回答数が若干多く、40歳以下では女性、40歳以上では男性の回答数が多かった。また、性別不明の回答数は11％(70人)であった。

２）バス等の認知度について［質問１］
　ブラックバスとブルーギルの両方とも知っていたと答えた人は全回答者(621人)の61％(379人)、ブラックバスは知っていたと答えた人は32％(200人)と、ブラックバスについては全回答者の90％以上(579人)が知っていたと答えた。特に、20代から40代の年齢層では、それぞれ97％以上という高い割合を示した(図8-3)。
　男女別では、両方とも知っていたと答えた人はどの年齢層を見ても女性より男性のほうが多く、男性では男性全体(268人)の77％(207人)であったのに対し、女性では女性全体(289人)の46％(134人)と過半数に満たなかった。
　ブラックバスのみ知っていたと答えた人、つまりブラックバスは知っていたがブルーギルは知らなかったという人は、男性では男性全体(268人)の20％(54人)であったのに対し、女性では女性全体(289人)の45％(129人)と比較的高い割合を示した。
　なお、ここで使用した認知とは、必ずしも「釣ったことがある」、「実物を見たことがある」といった直接的な経験を意味していない。書物やテレビ、講演会、インターネットなどで情報を得たことも含んでいる。

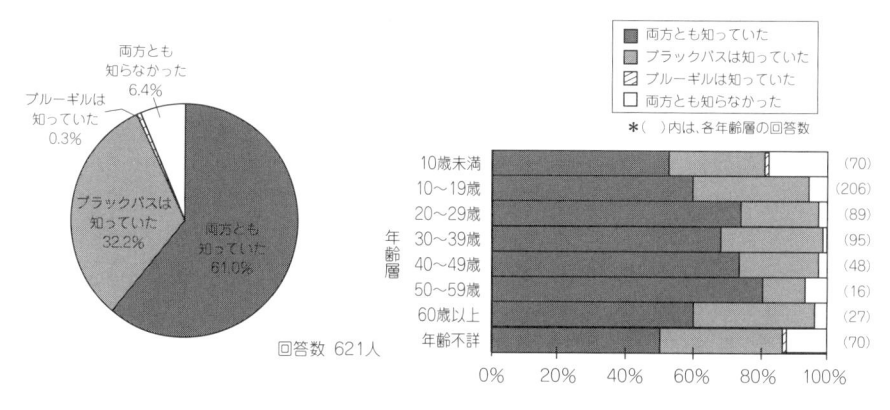

8 ブラックバス問題に対する人々の認識とその現状

図8-3 ［質問1］の回答割合(左)と年齢層別回答割合(右)：バス等の認知度について

3）食害に対する認知度について［質問2］

知っていたと答えた人は全回答者(621人)の67％(414人)で、年齢層が上がるごとに知っていたと答えた人が増えていく傾向が見られた(図8-4)。

男女別では、どの年齢層を見ても女性より男性のほうが知っていたと答えた人が多く、男性では男性全体(268人)の80％(217人)の人が知っていたと答えた。特に、20代以上の男性では、それぞれの年齢層で約90％の人が知っていたと答えた。しかし、女性では女性全体(289人)の56％(161人)と、過半数よりやや多い人が知っていたという結果であった。

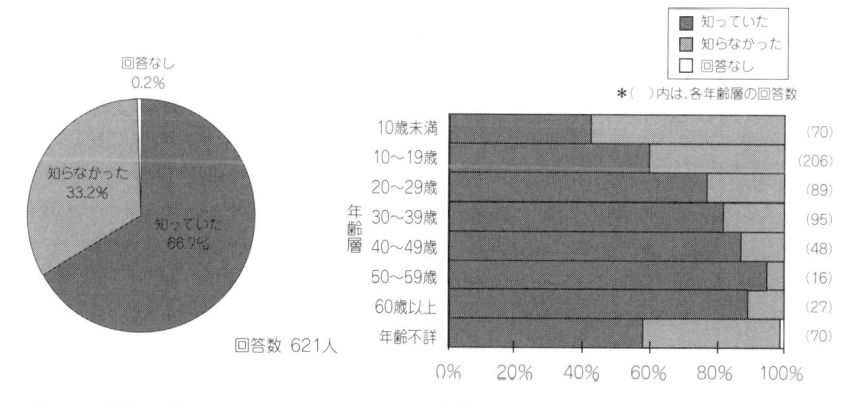

図8-4 ［質問2］の回答割合(左)と年齢層別回答割合(右)：食害に対する認識度について

4）魚釣りとバス釣りについて［質問3］

魚釣りをすると答えた人は全回答者（621人）の47％（299人）で、どの年齢層もほぼ同じ割合で魚釣りをすると答えた（図8-5）。

男女別では、どの年齢層を見ても女性より男性のほうが魚釣りをすると答えた人が多く、男性では男性全体（268人）の62％（167人）の人が魚釣りをすると答えた。また、女性では女性全体（289人）の32％（92人）の人が魚釣りをすると答えた。

魚釣りをすると答えた人（299人）のうち、バス釣り経験者は42％（126人）で、10代から40代の年齢層にバス釣り経験者が多いという傾向が見られた（図8-6）。

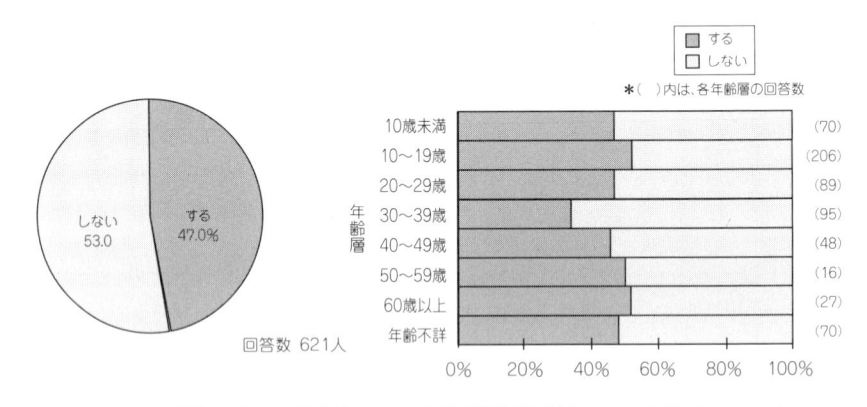

図8-5　［質問3］の回答割合（左）と年齢層別回答割合（右）：魚釣りについて

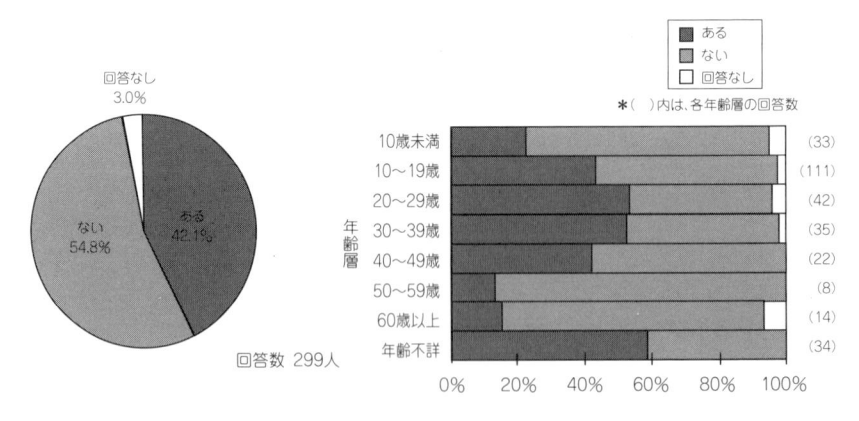

図8-6　［質問3］の回答割合（左）と年齢層別回答割合（右）：バス釣り経験について

8 ブラックバス問題に対する人々の認識とその現状

5）放流禁止の認知度について［質問4］

知っていたと答えた人は全回答者（621人）の57％（355人）で、年齢層が上がるごとに知っていたと答えた人が増えていく傾向が見られた（図8-7）。

男女別では、ほとんどの年齢層で女性より男性のほうが知っていたと答えた人が多く、男性では男性全体（268人）の61％（176人）の人が知っていたと答えたのに対し、女性では女性全体（289人）の51％（147人）の人が知っていたと答えた。また、10代までの若い層では女性より男性のほうが知っていたと答えた人が多かったが、それ以上の層では性別による差はほとんど見られなかった。

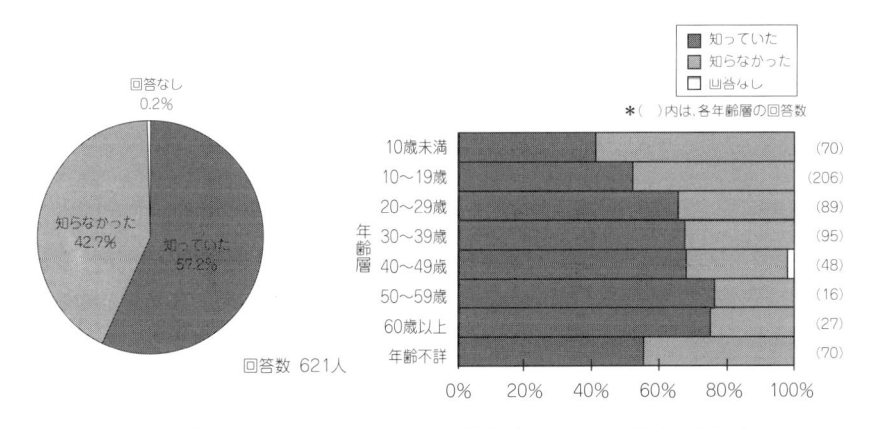

図8-7 ［質問4］の回答割合（左）と年齢層別回答割合（右）：放流禁止の認知度について

6）放流経験について［質問5］

放流経験があると答えた人は全回答者（621人）の5％（33人）で、10代と20代の年齢層で放流経験があると答えた人が多かった。また、男性だけでなく、女性でも放流経験があると答えた人がいた（図8-8）。

質問の意図としては、いわゆる密放流についての回答を期待したのだが、回答者の中にはリリース放流と混同して回答してしまった可能性もあると思われる。したがって、今回の回答結果は、信頼性にやや欠けるかもしれないことを付け加えておく。

合意のために

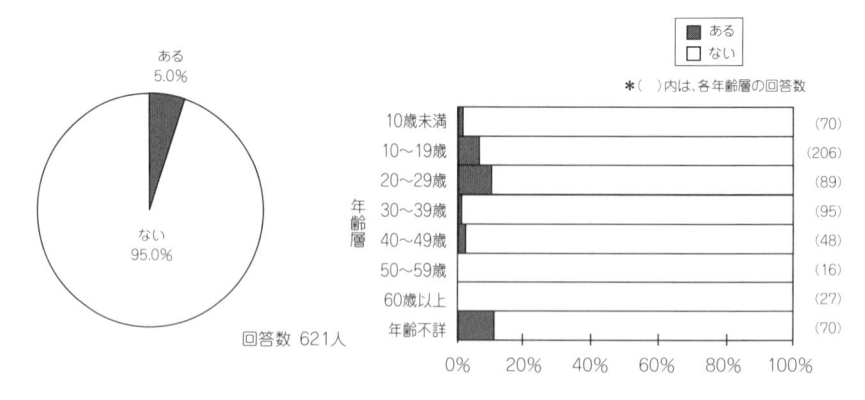

図8-8 ［質問５］の回答割合(左)と年齢層別回答割合(右)：放流経験について

8.3 ブラックバス問題への認識とその現状

　全回答者の90％以上の人がブラックバスを知っていたと答えており、ブラックバスの知名度の高さを改めて認識できる結果となった。しかし、調査方法が自由意志であることを考えると、ブラックバスに興味を持っていた人が持っていない人より多く回答していた可能性もあると思われる。また、女性の回答者の多くは、ブラックバスは知っていたがブルーギルは知らなかったと答える傾向が見られた。ここ数年、テレビ番組等で芸能人らがバス釣りを楽しんでいる様子を頻繁に目にする（多田・秋月、1996；秋月、1999など）が、それらのほとんどはブラックバスを中心に取り上げられているようである。ブラックバスを知っていてもブルーギルは知らないと答えた人が多い背景には、テレビなどのメディアが深く関わっているのではないかと思われる。滋賀県で行われた世論調査（滋賀県、2000）によると、外来魚問題を知っている、あるいは聞いたことがある人の67％が、テレビで知ったと答えている。当園のアンケートでも、「ブラックバスを釣っているところをテレビで見て知った」という感想が多く聞かれているので、前述した推測はほぼ間違いないと思われる。

　ブラックバスという名が非常に知れ渡っていることに対し、小魚やエビなどが減少している原因に関係していることや、放流が禁止されていることを知っていたと答え

た人は比較的少なかった。また、放流経験者(33人)の42％(14人)は、ブラックバス等の放流が禁止されていることを知らなかったと答えている。ブラックバス等の放流は各都道府県の漁業調整規則で禁止されており、水産庁やいくつかの県ではそれらの放流禁止を呼びかけるポスターを掲示するなどのPR活動を行っている。しかし、残念ながら回答者にはあまり知られていなかったという結果であった。このような結果となった原因の一つとして、行政機関は一般人との接点が少ないため、十分なPR活動が行われていないということが考えられる。

8.4 密放流を防ぐ手段の一つとして

　ブラックバスの問題は、ブラックバス等の外来種が日本に移殖された当初から、その存在の賛否について議論されてきた(秋月、1999；淡水魚保護協会、1977, 1978, 1979など)。しかし、その議論の結果を待つまでもなく、全国的に分布を広げてしまった(秋月、1999)のは事実である。

　ブラックバス等の分布が拡大した原因には、釣り人たちによる密放流の可能性が大きいと言われているが、今回のアンケートでも放流経験がある釣り人からの回答があった。しかし、すべての放流経験者が、放流が禁止されていることを知っていたにもかかわらず密放流していたとは限らない。つまり、放流が禁止されていることを知らずに密放流してしまった人も多数存在している可能性がある。実際に、今回のアンケートでも放流経験者の42％が、放流が禁止されていることを知らなかったと答えている。

　そこで、ブラックバス等の分布が拡大した原因の一つとして、釣り人たちによる密放流が大きく関係していると仮定するならば、彼らに放流が禁止されていることを周知させることが急務である。また、放流が禁止されていることを知りつつ密放流を行っている釣り人たちには、その行為によってどのような影響が出ているかを伝える必要がある。

　ブラックバス等の拡散を防止するには、このような釣り人たちはもちろん、その他多くの人々にもブラックバス問題を周知させることが重要である。その手段として、不特定多数の人が訪れる水族館や博物館でもこの問題を積極的に取り上げ、その情報の提供とPR活動を促進していくことが有効であると思われる。

引 用 文 献

秋月岩魚（1999）：ブラックバスがメダカを食う．宝島社．
朝日新聞11月2日号夕刊東京版（2000）：ルポ芦ノ湖湖底の「ワーム」．東京本社．
朝日新聞2月9日号秋田版（2001）：八郎湖のバス釣りトラブル．秋田支局．
東　幹夫（1999）：外来魚による生態系攪乱．淡水生物の保全生態学―復元生態学に向けて―．
　　森　誠一編著，pp.145-153．信山社サイテック．
細井和男（2000）：ルアーの一種から「環境汚染物質」を検出!!．生活と自治（379），pp.34-35.
　　生活クラブ事業連合生活協同組合連合会．
河北新報9月14日号（2000）：八郎湖から持ち込んだ岩手県内湖沼のブラックバス．河北新
　　報社．
中井克樹（1999）：「バス釣りブーム」がもたらすわが国の淡水生態系の危機：何が問題で
　　何をすべきか．淡水生物の保全生態学―復元生態学に向けて―．森　誠一編著、pp.154-
　　168．信山社サイテック．
滋賀県（2000）：琵琶湖の外来魚．第33回滋賀県政世論調査平成12年度，pp.81-86．滋賀県．
自然環境研究センター（1999）：オオクチバス・ブルーギルの在来種への影響．平成10年度
　　皇居外苑濠魚類及び魚類生息環境調査報告書，pp.66-68．自然環境研究センター．
多田　実・秋月岩魚（1996）：犯罪行為に便乗する「バス釣り礼賛」に重大疑惑あり！．月
　　刊ヴューズ，**6**(6),49-57．講談社．
淡水魚保護協会（1977）：特集－外来魚の放流について．淡水魚，**3**(1),23-43．淡水魚保護
　　協会．
淡水魚保護協会（1978）：特集－外来魚の放流について・その2．淡水魚，**4**(1),47-59．淡
　　水魚保護協会．
淡水魚保護協会（1979）：特集－外来魚の放流について・その3．淡水魚，**5**(1),64-76．淡
　　水魚保護協会．
読売新聞11月14日号夕刊大阪版（1998）：駐車100台ごみ散乱マナー向上へ条例検討．大阪
　　本社．
読売新聞1月19日号千葉版（1999）：バス釣りで漁業被害．千葉支局．
読売新聞11月17日号富山版（2000a）：ため池にブラックバス放す．北陸支社．
読売新聞12月9日号夕刊東京版（2000b）：擬似餌に含まれる有害物質．読売新聞社．
全国内水面漁業協同組合連合会（2000）：ブラックバス等（オオクチバス、コクチバス、ブル
　　ーギル）の生息分布、影響等についての調査結果（平成12年度）．全国内水面漁業協同組合
　　連合会．

9

環境教育の現状と課題

高桑　進

　20世紀は大量生産、大量消費に基づく豊かな生活が人々に受け入れられた結果、処理できないほどの大量の廃棄物を生み出した世紀であった、といえる。たとえば、このような物質文明が生み出した廃棄物の一つである二酸化炭素は、世界各地に異常気象を引き起こす引き金となる地球温暖化を招いている(住、1999)。また、人間の利便性のみを考えて生産された多くの人工化学物質は自然界の循環過程に組み込まれず、分解されずに自然界に蓄積し著しく生命環境を汚染してしまった(Carson, 1962；有吉、1975)。さらにこれらの人工化学物質のいくつかは、食物連鎖を通じた生物濃縮作用により、人間を含めたこの地球上の生命体にわれわれが予想もしなかった結果をもたらしていることが近年明らかとなってきている(コルボーンら、2001)。そのほか、オゾン層の破壊、酸性雨、大気・地下水・土壌汚染等を始めとする様々な地球環境問題の原因は、すべてヒトという1種類の生物が作り出した人為的で破壊的な地球環境の利用活動に起因することはいうまでもない。

　このような、ルネッサンス以来の楽観的なヒューマニズム(人間中心主義)の落とし穴から抜け出すため(鬼頭、1996)には、われわれ人類は宇宙船地球号に乗り合わせている乗員の一人であり、すべての生物がお互いに共存共栄できる生態システムに従わなければならないことを再確認する必要がある。また、この地球という惑星の生態系システムにおいて個々の生物が分担しているであろう生態系での役割について、われわれはまだまだ無知であるということを十分認識しておかねばならない。生態学者が今までに明らかにしてきた生物間の相互依存関係を子細に検討し、今後はどのような行為が本当に生命環境を復元あるいは修復できるのかを点検・評価してゆかなければ

ならない時代である。すなわち、われわれが今まで無視あるいは看過してきた自然の持っている多面的な機能をどうやって回復させるかが21世紀の課題となってくる。多自然型河川工法による淡水環境の修復、野生動物の暮らせる緑の生態系を作り出すための緑の回廊の試み、農業の持つ多面的な環境保全機能の回復（日本生態系協会、1995）等、自然環境の多機能性の回復作業は今ようやくその緒についたばかりであるといえる。

そうすると、生態学は21世紀における地球市民の必須科目であり「生命の多様性」が持つ意味を学ぶための基礎科目となってくる（梅棹・吉良、1976）。すべての生物の生命維持装置としての生態系の重要性を21世紀の新人類に教えてゆくためには、各地域や各人種の文化の違いを考慮して工夫された環境教育法を開発してゆく必要がある。単なる知識ではなく身体活動を通して得られた生きている感動や、いのちと触れあうことで得られる生命環境の大切さの認識が、児童生徒を始め学生やこれからの世代の若者達の心に本物の「生きる力」を育むのではないだろうか。

9.1　環境教育における環境の定義

まず、わが国における環境教育が遅れている背景の一つには、環境問題を議論する場合に使われている日本語の「環境」という言葉の定義や内容が、それを使っている人により様々である点が上げられる。

日本の研究者の間には「環境」という概念に関して次のような3つの考え方が見られる。すなわち、生態学者である沼田真は、環境教育には60年代の高度経済成長に伴う「公害教育」と「自然教育」の2つの流れがあり、日本の環境教育は公害教育からスタートしたことは不幸であったと述べている。一方、理科教育学者である鈴木善次は環境を「自然環境」と「社会環境」に分けることで、環境教育を生態系的なものと科学技術的なものに分けて考えている。これに対して、林智は環境の方から人間に作用の及ぶ範囲を「第一の人間環境」とし、逆に人間の側から作用の及ぶ範囲を「第2の人間環境」として考える立場をとっているが、これらの考えはいずれも環境教育の一側面を捉えているに過ぎない。つまり、人間の関与が及ばない自然環境とそれとは別に人間活動により影響を受ける自然環境があると分けて考えるところに問題が出てくる。

私は「環境」の概念としては、ヒトを含めたすべての生命体の活動が相互に関連した全体構造として把握した方が正しい理解であると考えている。そうでなければ、今日見られる様々な地球環境の危機の本質を見失うことになるであろう。

　たとえば、公害といえば人間活動により大きく損なわれた人の生命の方に目をわれわれは奪われる。しかし、猫に最初の有機水銀の影響が出ていた水俣病の場合(西村・岡本、2001)や、最近の狂牛病ではヒトのクロイツフェルト・ヤコブ病の感染に先行して猫の症例が見られていたという事実(中村、2001)を引き合いに出すまでもなく、ヒト以外の生き物への被害を人の命の問題でもあると認識していたならばこのような悲惨な公害や感染症をもたらすことにはならなかったであろう。

　この地球が誕生して以来、現在の自然環境は実に様々な生物が環境と相互作用してきた歴史的帰結として形成されたものである。したがって、上に述べたような人間を中心に考える環境概念では価値観の変革は望めない。とくに、環境教育をすすめようとする現場の教師やこれから環境教育を教える教員志望の学生にはこのような人間中心的な環境観は不十分であり、より広く深い視点を持った新しい環境観が求められている。「環境」を「生命」と同様にもっと総合的、統合的に理解する教育をしなければ、現在の生命環境問題の本質を正しく理解することはできない。

　食糧問題、廃棄物問題、衣・食・住環境問題、エネルギー問題等をはじめ、経済環境、情報環境、社会環境、子どもの環境などといった〇〇環境という言葉の背後には、すべて「人間中心の考え方」が潜んでいることが指摘できる。すなわち、問題はあくまでも「人間にとっての環境」として考えていこうという暗黙の了解が背後に隠されている。このような視点は人為的な活動が自然環境をいかに破壊してきたかを教えるだけの目的にはよいが、最初に述べたように宇宙船地球号に乗船しているのはヒトだけではなく、多様な生物がお互いに相互依存して生活していることを忘れさせる効果がある。したがって、「生命の多様性」を可能にする「生命体の相互依存関係(共生)」を目指すものでなければ、議論される地球環境問題の本質を見誤り環境問題の解決にはつながらないのである。この点が最も欠けている視点であり、そうしなければ20世紀的価値観からの脱却をして新しい価値観の創造をすることはできないであろう(小川、2001)。

合意のために

9.2 日本人の持つ自然観について

　日本人の持っている自然観については、「自然に神を感じる」という自然と一体になる考え方が非常に強く残っており、西洋的な客体としての自然を認識していないとの指摘が以前からなされている（吉田、1987）。事実、榎本は日本人の自然観には「おのずから信仰」と命名すべき自然観が存在することを文学史的観点から指摘している（榎本、1995）。そうであれば、日本人が無自覚に依拠している、このような「おのずから信仰」を考慮した環境教育のアプローチがわが国において効果的な環境教育を進める際には考慮すべきであろう。

　ところが、教師と大学生の「環境」についての考えを調査した結果、現職教師のもつ自然観と大学生のそれとがはっきりと異なることが明らかとなっている（中山・里岡、1997）。すなわち、現職の教員は「人間が環境の中にいて、その距離が近い」と考え日本的な自然観を示したのに対して、今の大学生達は「環境が人間の外にある別のもの」と位置づける西洋的な自然観を持っていた。これは大変興味深い調査結果であり、これからの日本における環境教育を進める上で忘れてはならない点である。すなわち、現職教員の再教育や研修ではこのような日本的な自然観の偏りを是正させる必要があり、一方西洋的な価値観を持っている現代の学生には「東洋的な自然観」の大切さを教えていかねばならないからである。

　地球環境の破壊は、ヒトが数千万種はいると推定される地球上の生命体の一つであることを忘れた時に始まった、といえる。このことは強調してもしすぎることはないのである。生態系の中でヒトを矮小化して取り上げているという生態学者もいるが、ヒトを特別な生き物であるとあまり考えない方がよいだろう。過去の歴史を見れば分かるように、どうしてもわれわれはヒトという生物を特別な生き物であると考えたくなる傾向がある。しかし、この地球上の生命体は基本的に共通の仕組みで生きているという「生命の統一性」からみても、ヒトとその他の生物を区別する特段の理由はない。事実、最近の分子生物学の発展や動物行動学の進歩により、ヒトという生物はチンパンジーやオラウータンあるいはゴリラと遺伝子レベルではほとんど同じであり、知能的にもそう違わないことが次第に明らかとなってきている（長谷川・長谷川、2000）。

わが国では「環境」という言葉は明治中期以後に一般化したといわれているが、ドイツ語では「生物を取り巻く外界のすべての諸条件」を意味するUmgebungと、「生物から見た世界、外界のうちで生物と関わりのある諸条件」を意味するUmweltの二つの用語がある。前者が外界で、後者は外界の一部としての環境ということである。1960年代から使われている「環境問題」では人間環境を中心に考えて議論(鬼頭、1996)がされてきたが、21世紀の環境教育ではあらゆる生命体の共存共栄に必要な「生命環境(Life environment)」を考慮して様々な地球環境問題を解決することが求められているのではないだろうか。そう考えると、これからの環境教育を実践する場合の目標や目的、あるいは取り上げ方の視点が明確になってくる。

9.3　環境教育の目的

　1972年の国連人間会議では、「環境教育の目的は、自己を取り巻く環境を自己のできる範囲内で管理し、規制する行動を、一歩ずつ確実にすることのできる人間を育成することにある」と述べている。1975年のベオグラード憲章では「環境とそれらにかかわる諸問題に気づき、関心を持つとともに、当面する問題の解決や新しい問題を未然に防止するために、個人および集団として必要な知識、技能、態度、意欲、実行力などを身につけた人々を育てること」とあり、わが国の環境教育懇談会報告(1988)や文部省の環境教育指導資料(1992)でもこれらを下敷きにした目的が述べられている。
　一方、アメリカの環境教育法では「人間を取り巻く自然および人為的環境と人間との関係を取り上げて、その中で人口、汚染、資源の配分と枯渇、自然保護、運輸、技術、都市と田舎の開発計画が人間環境に対して、どのようにかかわりをもつかを理解させる教育」であるとより具体的に定義されている。この環境教育法では、ヒトという生物が外界である自然に対して、どのような影響を与えているのかを学ばせようという教育目標が明確に述べられている。
　また、「持続可能な社会」を目指した人づくりを目的とする立場からは「よりよい環境の創造的活動に主体的に参画し、環境への責任ある態度・行動をとれる」地球市民を育てることが求められている。ここで持続可能な社会とは「生態学的に持続可能でありかつ世代間・地域間の公正さがある社会」である。したがって、このような「環

境教育」の目的を達成するするためには生態学的な基礎知識が必要条件となる。ところが、わが国ではこの生態学的な基礎知識が学校教育の中できちんと教えられていないために、環境問題を考える時に議論がかみ合わない現状がある。これはわが国の教育課程に生物の相互作用についての知識体系が十分に取り込まれていないことと同時に、環境教育に携わる教育者が十分に生態学を理解していないためと考えられる。わが国のこのような立ち後れをなくすためには、基礎的な生態学を楽しく学べるコンパクトデスクを作製し、全国の学校に配布する教育プロジェクトをスタートすることが考えられる。

　ここに米国微生物学会が米国科学財団からの基金で作成した1枚のCD-ROMがある。「Microbe Zoo」と題するこのCDを開くと、身近な環境にいる様々な微生物の生態について実に楽しい画像とわかりやすい解説がある。このようなCDは、全米の高校生にもっと微生物に関心をもってもらうことで、将来の研究者を育成する目的で製作されたものである。4年前にこのCDを入手して開いたときの驚きと感動を忘れることはできない。わが国の生物学は素晴らしい研究成果を上げていることは認めるものの、このような教育的な活動はきわめて貧弱である。同様なことが、色々な学問分野でもいえるのではないだろうか。具体的な日本の生態系を教えることを目的とした楽しいCDを、現場の教育者と日本の専門家間の協力で作り上げ全国の学校で使用してゆきたいものである。

　いうまでもなく、生態学ではヒトは特別な生物ではなくて物質循環系の一構成員として扱う。このことがヒトを矮小化しているように思われるがそうではない。逆に、ヒトは特別な生物であると考えることで、ヒト以外の生物の生命活動（それは研究が進めば、人類の生存にとり実は大きな影響があるかもしれない）を、無意識に無視する立場に立つことになるのである。すなわち、人の利便性、快適性のみを追求してきた近代科学文明が、現在見られるような生命環境の破壊を招いていることを考えれば、環境問題の解決のみを環境教育の目的とするような現在の視点は今までと同じ誤りを繰り返すことになる。21世紀には人間中心の考え方を乗り越える哲学、すなわち生態学の基本を十分に理解した上で正しい行動をとれる人間を育てる環境教育がぜひ必要である。事実、わが国の「身近な自然環境を利用した環境教育」にはこのような生態学的視点が不足していることが指摘されている（木村・中越、1999）。

生物の多様性の意味をしっかりと理解した、環境をより広く深い視点から考えてゆく新しい価値観を持った環境教育が私が提唱する「生命環境教育」である。くり返しになるが、ヒトを含めたすべての生命体が共生できる環境を視野に入れた環境教育へと脱皮しないと、人類の存亡の危機を招いている「内なる自然」である「心の変革」は実行できなくなるだろう。

　私が考える「生命環境教育」の目的は「様々な人間活動がこの地球生態系(生命環境)に与える影響について具体的に取り上げ、これらの人為的活動が生命環境に及ぼす影響について科学的に理解し、どのようにすればこの地球上のすべての生物が共生できる生態系を維持することができるかを考えてゆく教育」である。そのためには、今までに人類が行ってきた環境破壊の現実を学習し、人為的行為による個別の影響について現場主義に基づき生態学的に理解することから始めなければならないことはいうまでもない。

9.4　環境教育の現状と課題

　まず環境教育を学校ですべきか、という問いに対しては9割以上の現場の教員は賛成しているが、実際に学校でどの程度環境教育が実践されているかというと、まだまだ本格的な環境教育が行われているとは言い難いのが現状ではないだろうか(田尻ら、1996)。本格的な環境教育が進まない理由には、上に述べたような環境概念の不明確さが根底にあるが、現場の教師があまりにも忙しいこともあげられる。ここではこの問題についてすこし違った視点から考えてみたい。

　わが国の環境教育は主として小学校を手始めにして中学・高校と学習を進めてゆくことが前提になっている。そして、社会科と理科を廃止して新設された生活科は最初は環境教育ではなくていわゆる「ゆとり教育」を目指して新設された教科だったという点である。この生活科がいつの間にか小学校での環境教育の実践の場としても利用されている。

　しかし、日本各地の小学校では現場の教員が開発した様々な実践的な環境学習が行われてそれなりの成果をあげてきたことも事実である。たとえば、三重県の員弁郡の小・中学校では1970年代から「郷土」を見直す教育に取り組んでいる(小川、2001)し、

合意のために

　滋賀県の犬上郡多賀町にある萱原(かやはら)少学校では1983年から取り組まれている「ふる郷教育」がある(木全、1992)。このような地域の歴史や人々の暮らしを取り上げて行われた、地域ぐるみの教育は「地域の教育力」と呼ばれ、子供たちに真の学力をつけた優れた環境教育の実践の一例であるといえる。

　ところが、教科教育の基礎を従来の3割も削減するという文部省方針が出てきたことにより、本格的に取り組む段階に来た環境教育が今後も十分に展開できるかどうか大変問題になってきた。というのは、環境問題は「総合的な学習」のテーマの一つであり様々な教科の協力が必要となるが、現実はそのように展開するだろうかという疑問がある。実は、総合的な学習としては環境問題だけではなくて情報教育や国際理解も取り上げることができる。したがって、環境問題を考えるための国際理解や情報の学習ではなくて、情報教育としていわゆるコンピューター教育を取り上げたり、国際理解としての英語教育にすり替えられる危険性がある。これには、保護者がまだまだ社会の変革に対する意識改革ができていないために、従来の暗記中心の詰め込み教育を学校教育に要求する背景がある。その意味では本当の環境教育を展開できるかどうかは、ますます現場の教師の持つ力量(広い視野に基づく教育力や指導力の有無)が問われる時代になるだろう。

　大学で新しく「総合的な学習の時間」に対応したカリキュラムを履修し環境教育の学習法を身につけた新任教師に対して、従来の詰め込み型、暗記中心の教育を行ってきた今までの教員には、このような環境教育の展開は精神的に大きな負担となるだろう。現実的な対応策としては、現場の教員に対して環境教育の目的をより明確にする再教育や研修を積極的に行うことが必要であろう。また、環境教育に関するカリキュラムの開発を検討する時間を十分に確保するため、クラブ活動や今までの学校行事をもう一度見直す必要が出てくる。いいかえると、これからは学校教育でなければ身につかない教育とそうでないものをふるい分ける作業が必要になってくるわけで(藤田、1997；北村、2001)、「新しい教育観」が教育者に求められているといえる。

　さらに環境教育を生涯教育の一環として考えてゆく立場がある。この観点からいえば家庭教育や幼稚園教育が最も重要である。というのは、ドイツをはじめとする諸外国の環境教育とわが国の環境教育で最も大きな違いは、家庭や幼稚園での環境教育への取り組みにあるからである。21世紀における環境教育を実践する上で一番大事なこ

とは、保育者が正しい生命観や生態系の役割などについて正確な知識を持つことである。とくに、「幼児とその保護者に対する環境教育」はこれから最も力を入れて取り組んでいく必要がある分野であると考えられる。その場合にも、今までのような「人間中心の環境教育」ではなくて、すべての生命を大切にする生物の多様性の意味を考慮した「生命環境教育」でなくてはならない。

　わが国においては1989年に幼稚園教育要領が改訂され、幼稚園教育は「環境を通して行うもの」であると明記されたが、保育者養成機関である短大や大学でのカリキュラムには十分な配慮がなされてこなかった(田尻・峰松・井村、1996；井上・田尻、1999)。その理由は、保育者養成コースのひとクラスの学生数が多くて具体的・実践的な実習や演習を行えないことや、環境教育に関連する講義数が少ないこと等があげられる。ここでも、わが国の教育体制の現実的な遅れが指摘できる。今こそ教育の基本に戻り、できるだけ少人数での教育を作り上げる努力をしなければならないだろう。

　したがって、保育者養成機関においては至急にカリキュラムの改革に取り組まないと幼稚園における環境教育の指導者が育たない。生涯教育としての環境教育の取り組みを行うには、幼稚園や保育園における環境教育の重要性の認識と同時に、保護者に対する環境教育プログラムの開発を進めることも必要なのである。環境教育を実践できる保育者養成の在り方について、井上と田尻は次のようなモデル(図9-1)を提出している。

　このモデルでも環境問題と自然を正しく理解することが前提で、生態学的基礎知識をしっかりと身につけて教えることが必要である。したがって、そのような内容を盛り込んだCDを至急作成し、全国の保育養成機関で学ぶ学生や現場の教師に渡すことが今後の緊急の課題であろう。このように必要条件が揃って初めて、幼児期の環境教育を実践する保育指導力をもつ保育者を育てることが可能となる。現実には、文部科学省管轄の幼稚園よりも厚生労働省管轄の保育園の方が園児に対する環境教育に関しては実践的に取り組んでいる所が多いようである。

　幼児の環境意識や態度形成には母親の生活行動の影響が大きいことが明らかになっている(田尻・井村、1994)。したがって、幼児の保護者である母親に対する環境教育(家庭教育)の必要が指摘される。しかし、環境教育学会の過去10年間の研究発表(日本環境教育学会、2001)を調べても、幼児と母親に対する環境教育のプログラムの開発

合意のために

```
┌─── 学生の実態（a）───┐
│ （ア）子どもの頃の自然体験は比較的多い      │
│ （イ）学校では環境教育は十分受けていない     │
│ （ウ）環境問題や自然への関心は高い        │
│ （エ）環境配慮の生活行動や自然に触れる実践はしていない │
└─────────────────────┘
```

⇩

```
┌─── 保育者養成における環境教育（b）───┐
```

［目　標］
　〈1〉環境問題や自然を正しく理解し、幼児期からの環境教育の必要性を認識する。
　〈2〉身近な生活のなかで環境保全や自然に積極的に関わる行動力を持つ。
　〈3〉自然と触れ合う遊びを中心とした幼児期の環境教育の保育指導力を持つ。

［開講科目］
　上記目標〈1〉～〈2〉に対応する3科目を開講

［教育内容］
　〈1〉身近でわかりやすい話題・リアルタイムの情報・環境教育の歴史や役割
　〈2〉環境配慮の生活や自然と共生した生活の紹介・身近な生活を対象とした調査
　〈3〉自然体験・自然遊びの指導技術・環境に配慮した保育環境例

［教育方法］
　〈形態〉双方向型、参加型、体験型授業・グループワーク・学校授業や宿泊野外活動・模擬保育授条
　〈教材〉新聞や視聴覚教材の活用・インターネットの利用・簡易実験キットの利用
　〈人材〉NGO関係者や現場保育者などの学外講師起用・ティームティーチング・科目担当者間調整

⇩

```
┌─── 保育における環境教育を実践できる保育者像（c）───┐
│ ① 環境問題や自然を正しく理解し、幼児期からの環境教育の必要性を認識する保育者 │
│ ② 正しい理解をした上で、環境保全や自然に積極的にかかわる行動力を持つ保育者  │
│ ③ 幼児期の環境教育を実践する保育指導力を持つ保育者                │
└─────────────────────────────────────────┘
```

図9-1　環境教育を実践できる保育者養成の過程モデル

はあまり取り組まれていないのが現実である。今後、ますます子どもの数が減ってゆく傾向の中で諸外国に見られるような生活環境からの実践を伴う環境教育が求められている。もちろん、一部の母親たちは以前から牛乳パックの回収やトレイの回収などの行動を日常的に行ってはいるが、保育指導者の養成機関で母親を含めた幼児に対しての環境教育を指導できるようなカリキュラムはまだできていないのである。

　身近な地域の生活環境の中から問題を取り上げて、今すぐに取り組めることから実践しなければ環境教育は定着しないだろう。地域の方々や保護者の協力を得ることは、環境教育のような総合的な取り組みが必要な科目では特に大切である。いうならば「柔らかい教育カリキュラム」を開発してゆくことが求められている。たとえば、各地にできた博物館を中心として「生き物マップ」を作成する試みが始まっている（浜口、1998）。自分たちが住んでいる地域にどんな生き物が生息しているかは案外知られていないのである。それを明らかにするには、大学の専門家はもちろん野鳥の会等の自然保護団体等の協力を得ながら、ゆるいネットワークを作り上げることが大切である。全国各地の地域の自然環境について総合的な調査を始めるのが生態学的な視点を養うにはよい。そうすると、日本の野生生物の生活（生態）については未だによく知られていないことが多いことに気づかされるのである。

　その意味で、米澤が開発した「セミ殻調査法」（米澤、1988, 1991）は、都会の自然度を測る環境調査として先駆的なものであるといえる。この調査法ではセミの脱皮した殻を採集するので、第一に生きた昆虫自体を採集する必要がないこと、第二に夏休み期間に親子の参加ができる点、そして第三にセミが地上に出てくるまでには数年かかることからその地域の過去の自然環境を反映する点から大変優れた調査法といえる。このセミ殻調査は京都市民の協力で、1990年から5年おきに実施された。すでに過去3回実施されており、京都市の自然環境の変化を学ぶ優れた環境教育の教材となっている。このような調査が全国に広まることが望まれる。

　その場合に注意したいことは、生き物を指標とした環境調査は数年かけて行うことが大切である。ともすると従来の環境調査は、高速道路の建設や何らかの開発行為に伴う生活環境の破壊が行われる直前に行われることが多く、どうしても反対のためのあるいは開発を進める目的での調査になりがちであった。そうではなくて、開発が進められる以前の身近な自然環境についてもっと子供や親や市民達に関心を持たせる自

合意のために

然観察の機会が日本では不足しているのではないだろうか。

　残念ながら、これまでに公共事業の名目で不必要に自然環境が破壊され多くの貴重な生物が失われてきたことは事実である(朝比奈ら、1992)。たとえば、すでに三千以上のダムが建設されているが、わが国の淡水環境の危機について具体的な事例をどれほどの人が認識しているだろうか(高桑ら、2000；天野、2001)。まだまだ、現状を知らないか、あるいは問題点を正しく認識し、どうすればよいのかを環境教育の中で十分に議論されていないように思われる。

　最近、今まであまり意識されてこなかった自然環境の一つである「里山」についても関心が持たれ(石井ら、1993)、市民と一緒に環境教育を進めてゆくところも増えてきた。このような地道な活動を通して、児童・生徒や学生はもちろん一般市民も「日本の自然環境が世界でも例を見ないほど素晴らしい生態系」であることに気づいてほしいと思う。その意味では、きれいな小川や山林といったすばらしし自然環境が残されている環境が近くにある地方の教育機関の方が有利である。しかし、大都市であっても公園や神社・寺院等の身近な環境を利用した環境教育が可能である。また、植物園や動物園といった施設は大都会にしかないので、これらを利用した「生命環境教育」を展開するにはかえって大都市の方が有利であるといえる。実践的には、利用されなくなった休耕田に水を入れるだけでその地域の生態系に根ざした本当の意味の「ビオトープ」(ブラド、1989)を作り出すことができる。このように、水田に稲を植えるのではなくて命を育てる水を入れることで人工的な湿地を作り出して「生命の多様性」と「水田の持つ多機能性」を学ぶことができる。このように放棄された自然環境の復元体験をしながら、本物の湿地の保護と保全へと目を向けさせることが本当の環境教育なのである(山下、1993, 1994)。

　しかし、最近流行している校庭に「ビオトープ」と称する池を作る活動は間違った方向ではないかと危惧する。というのは、校庭に小さな池を作りそこへ絶滅危惧種である野生のメダカや何種類かの水生植物を移植して環境学習であると考えているからである。その地域にはその地域の風土、すなわち「森と木のある生活」(市川、1998)があり、それを教えてこそ本当の環境教育ではないだろうか。

　今の子どもたちは野外に出ないのではなくて、楽しむべき自然環境がなくなってきたのだということを大人は自覚する必要がある。開発された場所に児童生徒を連れだ

して、環境の変化や破壊状況を現場で観察させた上で、どうしてこのような事態が起こったのか、どうすれば少しでも環境の回復が可能かをみんなで考えさせる方がより本質的な環境教育になるはずである。それを校庭内のミニエコシステムの造成(池づくり)だけで終わらせるのは、本当の生態系というものを正しく理解せずに環境学習を「庭造り」と取り違えているといえる。

　たとえば、昔の子どもたちが行っていた色々な草花遊びを始め、昔の遊びで忘れ去られていたものがないか高齢者に教えてもらうのもよいだろう(菊池、2001)。世代を越えた環境教育や地域と結びついた環境教育こそが、従来の学校教育の殻を破って「生きる力」を育てる新しい教育となるのではないだろうか。

　つまり、いま環境教育に求められているのは新しい視点で古い文化を見直してゆくことなのである。進学一本槍の教育を進めているような従来の高校教育では、直ちにこのような価値観の変革を迫る環境教育を実践することは困難であると考えられる(北村、2001)。そうすると、今までの教科教育を核として他教科の教員と協力して環境教育を展開するやり方が最も現実的な対応ではないかと思われる。これからは公立でも中学と高校を一体化した一貫教育が行えるような環境になってゆくので、6年間かけて地域の自然や社会環境について一つの課題を選び学習を進めることが可能となる。どの様にすればさまざまな地球環境の解決ができるのか、行動する若者を育ててゆくためには、地域の教育力や自然の持つ教育力を信じて、生命環境のもつ意味について考えさせる息の長い教育システムの構築が求められている。

　20世紀の日本社会は西洋の近代化科学文明を取り込んで発達してきたわけだが、これからは東洋的な哲学を思い出して欧米とは違った新しい成熟社会を作り上げることができるかどうか、21世紀のわが国の環境教育の進め方にかかっているといえる。「持続可能な社会」あるいは「循環型共生社会」を作り上げるためには、教育改革こそが時間がかかるが最も有効な手段であると確信している。すなわち、「環境教育」こそがこれからのわが国の教育改革の一つの指標となるのである。

合意のために

9.5 日本の生態系（生命環境）の特徴

「日本は世界でも例がない生命の多様性に満ちた列島」であり、まさに列島全体がエコミュージアムといってよい自然環境であることを、もっともっと明確に子供たちに教えるべきではないだろうか。現場の教師たちはこのことを十分認識して環境教育を行っているのだろうか、どうも私にはそのようには思われないのである。

この日本列島には約五千種類の植物と約五百種類の蝶や野鳥が生育し、トンボは約二百種類（新井、2001）が確認され、単位面積当たりの生物種はおそらく世界でもトップクラスである。このような専門家にとっては当然の事実である「生物の多様性」とその意味（バスキン、2001）について、意外にもわが国の小・中・高校のどの教科書にも明確には述べられてはいない。すなわち、専門的な生態学の教科書はたくさん出版されてはいるものの、植物や動物の生態の個々の記載となり、すべての生態系を含む全体構造を具体的な内容でわかりやすい解説をしてある教科書が見あたらない。これは環境教育の基礎が、生態学にあると意識していないためである。「生物」や「理科」という今までの教科ではない、生命環境（日本に生息する生物の生活史についての生態学）に関する分かりやすい解説書が今こそ必要である。

そこで、インターネットを通じて専門家の協力を得て、このような最新の研究成果をわかりやすく解説したテキストの作成を提案したい。わが国の生態学者やアマチュアや関心のある市民が協力して、全国の幼稚園から小学校・中学校・高校までのすべてのネットワークを通じて誰もが利用できる生き物CDを作り上げるプロジェクトをスタートさせたい。このような試みは全国の環境教育を行う教育者や関係する人々に有用な情報を提供するであろう。

実は、日本にいるすべてのアリの分類に関しては簡単に検索ができるCDがすでに作成されている（財団法人遺伝学普及会、1998）。同様なものをトンボや蝶、さらに野生植物についても作り上げて、誰でもが身近に観察される生物を簡単に調べることができるCDがあればよい。このようなCDが完成すれば、近くに専門家がいなくても誰もが容易に環境教育教材としても利用できることが可能となるばかりか、われわれの住む日本列島がいかに生命にあふれた自然環境（生物多様性に富んだ場所）であるかを次世代に伝えてゆくことができるからである。

参 考 文 献

住　明正（1999）：地球温暖化の真実．ウエッジ選書．
Carson, R.（1962）：Silent Spring, Boston: Horton Mifflim（沈黙の春．青樹梁一 訳（1974）、新潮社）．
有吉佐和子（1975）：複合汚染．新潮社．
シーア・コルボーンら、長尾　力 訳（2001）：奪われし未来（増補改訂版）．翔泳社．
鬼頭秀一（1996）：自然保護を問いなおす．ちくま新書．
日本生態系協会編（1995）：ビオトープネットワークⅡ－環境の世紀を担う農業への挑戦．ぎょうせい．
梅棹忠夫・吉良竜夫（1976）：生態学入門．講談社学術文庫．
中村靖彦（2001）：狂牛病．岩波新書．
西村　肇　岡村達明（2001）：水俣病の科学．日本評論社．
小川　潔（2001）：環境教育．日本環境学会編集委員会編「新・環境科学への扉」、有斐閣．
吉田光邦（1987）：日本科学史．講談社学術文庫．
榎本博明（1995）：日本人の自然観－自然を客体視できない心性について．環境教育、**4**, 2-13.
中山　迅・里岡亜紀（1997）：環境についての教師と大学生の捉え方の比較．環境教育、**6**, 48-58.
長谷川寿一・長谷川真理子（2000）：進化と人間行動．東京大学出版会．
木村綾子・中越信和（1999）：身近な自然環境を利用した環境教育における生態学的視点の必要性．環境教育、**9**, 26-31.
木全清博（1992）：環境教育と原色教育のあり方．佐島郡巳編「環境問題と環境学習」、pp.201-215、国土社．
藤田英典（1997）：教育改革．岩波書店．
北村和夫（2000）：環境教育と学校の変革．農山漁村文化協会．
田尻由美子・峰松　修・井村秀文（1996）：幼児期環境教育の現状と課題．精華女子短期大学紀要、**22**, 129-140.
井上美智子・田尻由美子（1999）：環境教育を実践できる保育者のあり方について．環境教育、**9**, 2-14.
田尻由美子・井村秀文（1994）：幼児の環境意識・態度形成に及ぼす母親の生活行動に関する調査研究．環境教育、**4**, 8-18.
日本環境教育学会（2001）：環境教育の座標軸を求めて．日本環境教育学会10周年記念誌．
米澤信道（1988）：京都市の森とセミ類．成安紀要、**3**, 1-33.
米澤信道（1991）：セミ脱皮殻を用いた環境指標－その方法論と実践．生物研究、**30**, 61-84.
浜口哲一（1998）：生き物の地図が語る街の自然．岩波書店．
朝比奈正二郎ら監修（1992）：レッドデータアニマルズ－日本絶滅危機動物図鑑．JICC出版．

高桑　進ら（1999）：21世紀の環境教育を考える．自然科学論叢、**32**, 1-38.
高桑　進ら（2000）：日本の淡水環境の危機．自然科学論叢、**33**, 1-26.
天野礼子（2001）：ダムと日本．岩波書店．
石井　実・植田邦彦・重松敏則（1993）：里山の自然を守る．築地出版．
J. プラド、武内和彦・大黒俊哉　訳（1989）：ビオトープと動物保護．東京大学農学部．
山下弘文（1993）：ラムサール条約と日本の湿地．信山社サイテック．
山下弘文（1994）：日本の湿地保護運動の足跡．信山社サイテック．
市川建夫（1998）：森と木のある生活．白水社．
菊地　穣（2001）：四季の草花あそび．自費出版．
新井　裕（2001）：トンボの不思議．どうぶつ社．
イボンヌ・バスキン、藤倉　良　訳（2001）：生物多様性の意味．ダイヤモンド社．
アリ類データーベース作成グループ（1998）：日本産アリ類カラー画像データーベース－小学生から研究者まで使える電子アリ図鑑．このCDは1枚1,000円で、財団法人遺伝学普及会（〒411–0801　三島市谷田桜ヶ丘1171－195　電話：0559－72－9080）に申し込めば入手可能．http://dna.affrc.go.jp/htdoxs/Ant.WWW/HTMLS/INDEX.HTMMicrobe ZooのCD-ROMの入手については、http://commtechlab.msu.eduを参照のこと．

10

ビオトープから"まちづくり"へ：大垣市の事例

森　誠一

　住民参加による"まちづくり"が求められている近年、住民の主体性に基づく地域資源を活用した地域活性化方策のための手法を研究し、今後の各地域における合意形成へのシステム構築が早急に必要とされている。つまり、緑ゆたかな自然環境との共生と併せて、住民が誇りと愛着をもつことができる"まちづくり"とはそもそも何か、もしそれが想定されるとすれば、そのためには何をどのようにしたらよいかのシナリオが切望されている。その一つの方向性として、岐阜県大垣市および西美濃地域において、その環境特性を活かし、地域資源である「ビオトープ」を活用した「やすらぎの場の創出」、「地域環境負荷の軽減」、「交流人口の増加による経済の活性化」を目指した地域づくりの可能性が期待され模索されている。本稿は、そこで得られた地域活性化のための新たな地域資源の可能性を探る研究の一端を示すものである。

10.1　西美濃・大垣の背景

　大垣市は岐阜県西美濃地域における中心都市という位置のなかで、これまで行政、産業、教育が連動できるような"まちづくり"を十分に進められなかったことが、現在の閉塞状態を生み出している一因と考えられている。市民についても、"まちづくり"に十分に関わりを持つことができず、十分な満足感、まちに対する誇りを持ちにくいままに生活しているのが現状であるように思える。このような状態から、"まちづくり"において、「環境創造」、「市民参加」、「産業振興」、「地域活性化」の視点を含んだ取り組みを総合的に進め、各分野が連動できるプランニングや体制づくりおよび事業推進

合意のために

を行う必要があると考えられる。

　大垣市には、市行政と商工会議所によって出資組織された大垣地域産業情報研究協議会（以下、産研協議会）という、市の活性化を様々な角度から企画・支援する組織がある。これに私自身も参画し、これまで"まちづくり"のビジョンについて検討を進めてきたが、今後は、具体的に"まちづくり"に繋がるような行動を起こしていく段階にある。さらに、中心市街地の商業活性化施策を対象とした「中心市街地活性化基本計画」、人の生活環境だけでなく自然環境の保全を中心に据えた方向性を示す「市環境基本計画」や「緑の基本計画」が策定され、この計画に基いた取り組みが進められつつある。これらの間での相互関連を追求しながら同時に、住民がこれらの行政上の体制と連携するかたちで、大垣市全体の"まちづくり"について、新たな視点からの取り組みが求められている。また、そこでは住みやすく、生き生きとした"まちづくり"を支えるための「ひとづくり」が重要な要素となる。"ひとづくり"への取り組みとしては、"まちづくり"に関する基礎知識の普及・啓発はもちろんだが、それ以上に、一般の人々が自らのまちに誇りと愛着をもち、自律的に"まちづくり"に参加していける環境づくりが非常に重要である。自らの"まち"に誇りと愛着をもつ人々が住む"まち"は、自然に合意形成という過程を経た住民主体の"まち"になっていく。"まちづくり"に対するビジョン作成や施設整備とともに、こうした住民の自主的な取り組みを支援・促進していくことも大きなテーマと考える。なぜなら、ここでの一つの結論であるが、自らが参加して作ったという意識・実感を伴う"まちづくり"にこそ、人々は誇りと愛着をもち得るのだからだ。

　住民が誇りと愛着を持ち得る"まちづくり"を実現するためには、特徴的な地域資源を最大限に活用することにより、地域のアイデンティティを再認識、創造、発揮していくことが非常に重要である。それは、自然環境と人間生活を共生系として有りうべき環境像や方向性を、個人と地域の在り方を位置付けながら、科学的な背景をもった議論をしていくことである。その観点から、地域共生系としての"まちづくり"を展開していく対象として、"水の文化圏"という郷土性をもつ西美濃・大垣は格好の場である。

10.2 「ビオトープ」を活用した市民参加のワークショップ

　現在、産研協議会は、地域活性化事業推進のため、住民参加のワークショップの計画・運営をはじめとして、大垣市および西濃地域における豊富な「水」を巡る自然環境を活かし、生態系維持保全等独自の「環境保全システム」をテーマとして、産官学民の連動した取り組みを推進し、地域活性化に活用する計画を立てている。本稿は、その一環として市内の特定のエリアを生態系維持環境保全のため、「自然環境保全地域」と設定し、一般市民等が参加するワークショップを立ち上げ、"まち"と共生する自然環境創造を継続的に実践していく試みを報告するものである。

　ワークショップは、市民が自ら"まちづくり"に関与できる機会および場を設けることを基本的な目的とするが、同時に既存産業の活性化や都市基盤整備等に関わる新規産業の創造といった、新時代の"まちづくり"を担う"ひとづくり"といった目的も合わせもっている。

　また、ワークショップを開始する事前に、地域の水生生物相の実態と現状を概略的に把握するために、水生生物の生息調査を実施した。科学的および定量的な裏付けをもって西美濃地域の自然特性を理解することは、自然環境を配慮した公共事業あるいは環境保全を顕現していく活動での基盤であり、"まちづくり"における中心の一つとなるべき作業なのである。

10.3 ビオトープ公開講座

　ワークショップ参加者に対して、最初に『水生生物から見た西美濃：地域環境の再発見と保全のために』というテーマで講演会を開催した。そこで、まず西美濃の地域特性や現状を水生生物の面から整理をし、水環境の今後を地域住民の合意形成をしながら方向性を決めていく提案をした。この講演はワークショップ参加者を募るため、市民一般を対象に行われたものである。すなわち、参加者に議論の前提となる了解事項を周知する目的で行われたのである。以下は、講演の要約である。

　ここでは、西美濃という地域を中心にして、この地の祖先が培ってきた水郷や水都、つまり"水の文化圏"という郷土性を、淡水生物の『まなざし』から見てみることに

した。すなわち、西美濃において特に淡水域を対象に培われた生態学的視点を活かしながら、まず地域環境の特性を解説することを目的としている。次いで、その生態学的な把握を背景にして、地域における自然と歴史の特性を融合的に展開する方法を模索し、身近な環境から地域づくりする"水都思想の復活"作業の実施を期待している。

1) 地域の問題

全国でも有数の広さをもつ濃尾平野には木曽川、長良川、揖斐川のいわゆる木曽三川があり、さらに周縁部には豊富な湧水域がある。この広大な淡水域をもつ本地域は、淡水生物の宝庫でもある。自然環境がいかなる特性をもち、生物学的あるいは環境学的にいかなる意味をもっているかを振り返ることは、地域の将来像を描く基本とする契機の一つとなろう。

この振り返る作業において自然環境の有り得べき像や方向性を科学的に見出すこととは何かを検討しながら、個人の日常生活と地域の自然的・歴史的な特性との在り方を位置付けることが重要である。自然環境と人間生活の共生系として歴史的および自然的なまとまりをもっている西美濃において、我々の祖先が培ってきた"水の文化圏"という郷土性が題材の中心となるのである。そのためには、その地域に根差した自然と歴史文化の両面の研究活動の結果を集約し、議論する場の設置が切望される。このような、あるまとまりをもった地域の自然環境と人間生活の融合を"地域共生系"とした観点から、まちづくりを目標とする環境学が展開できるように計画していくべきであろう。また、"地域共生系"という空間は人間の立場をより強調して見ると、人間が営む社会生活における地縁的な共同性・共有性や情報交流などに基づくまとまりのある地域という側面を持っている。いわば、昔ながらの隣近所の日常的な付合いや寄り合い、また村祭などの行事で明示化される共同体意識とその潜在性が、地域の自然を人間生活と密着した形で維持してきたという一面を現代的に展開することが、今後の"まちづくり"において肝要である。

2) 生態学と自然への配慮

自然の好ましい環境条件を、人工的人為的な行為によって単調・貧弱化した環境に対して、ここでは"多様な環境と豊富な生物相がある環境"と定義しよう。それはで

きるだけ天然の状態であることが、概して望ましいといえる。しかしながら、昨今、生物やその環境をめぐる天然の程度は、減少の一途を著しくたどる一方である。それは河川や湖沼など淡水域において、より急速に人工化されて続けている。近年、これらの反省がなされ、例えば"多自然型河川"という名称で、工事施工に自然性をより多く取り入れようという試みがされている。しかし、それらの多くは治水・利水を第一義に事業の中心においたシナリオの中で、できる範囲で自然環境に似せた一部分を配置して、基本的には従来通りの河川改修をしようとする付随的な位置にある。

　自然界におけるいくつかの環境要因からなる微環境を定量的に集積することによって、その環境要因間に法則性と多様性を認め、それらが生物群集の生活状況にどのように関連しているのかをまず解明することが、こうした自然への配慮事業の前には本質的な作業である。しかし残念ながら、この本質的な作業の完遂は当面現実的ではない。この生態学的把握をする作業は現在、自然への配慮という目的の前に、方法論としても成果としても十分に確認されているわけではない。これが実は大きな問題なのであるが、とりあえず現状では、環境に関わる生態学的な研究事例をできるだけ多く網羅し、それらの成果をいかにして社会的に還元させるかを考察することが先決であろう。

　また、自然への配慮事業には、地域住民の理解や協力を得なければ進展していかないことを認識しなければならない。地域住民の意見や意向を一定の科学的規準をもって、いかに活用し反映させるかを考慮するべきであり、あるいはそうした場と機会を設置することが望まれるのである。問題なのは、そこに永続的に生活する人々における文化、伝統、慣習としての意味であり、配慮事業が日常生活の中に位置付けられることだ。自明ながら維持管理していくのは、その地域住民による営為であるからだ。これらの三者（行政、地域住民、研究者）が事業進行においてうまく合意することによってこそ、実質的な配慮事業は進展し恒久的な維持ができよう。

3）西美濃とはどういうところか？

　西美濃のある濃尾平野は木曽川、長良川、揖斐川という大河川によって洪水が頻繁に起こり、土砂が運ばれることによって形成された沖積平野である。そこでは肥沃で広大な平地が作られ、広い範囲にわたって氾濫原、後背湿地、自然堤防や河跡湖が散

在していた（森編、1998）。また、この西美濃地方の、特に北西部にある山麓部では扇状地から平地に移行していく周辺で、多くの扇端泉があり湧水帯となっている。30年ほど前までは、豊富な一大湧水群があり、川の水源の多くを賄うほどであった。その広大な淡水域は、同時に多様な淡水生物の生態系を形づくっていた。さらに、この地域では環境省が認定するレッドリストにも記載されている希少な種がいくつも確認され、水生生物の豊富さを示している。

こうした多様性は、湧水の存在という特性によっても反映している。すなわち、西美濃における"水都思想"は、単に周辺に河川があるからだけではなく、豊富な湧水の存在において成立するのである。しかしながら、近年まで湧水池やそれを水源とする細流からなる湿地帯は、産業的な利用価値が無いと判断され埋め立てられたり、土地改良のたびごとに急速に陸化されていった。また、そこでは陸地部分をできるだけ広げようとするため、垂直コンクリート面を基調にした護岸づくりによって水域が狭くされる。つまり、水都の水都たる由縁自体が失われつつあり、もはや手遅れの一歩手前にある。この状況から脱却するために、保全・復元への様々なアプローチの在り方を確認し、それらを以後活用しやすいように整理しておくべきだと思う。

我々は西美濃において、我々の祖先が培ってきた水郷や水都、つまり"水の文化圏"という郷土性こそをもって、地域の将来像を描く基本とするべきだろう。そのためには当面、その地域に根差した自然と歴史・文化の両面の研究活動の結果を集約させることが必要不可欠である。今後、我々はこの作業を展開させるべく、"流域という共同体"を支点としながら多方面からの意見が交流する場を設定して、合意形成を模索していく必要があると思われる。

10.4 大垣市・水環境意識調査（アンケート）から

後述のようなワークショップや講演会を催しながら同時に、市民の地域環境への認識を啓発するために、大垣市スイトピアセンターにおいて開催された環境市民フェスティバル（2001年2月）の際に、水環境への意識調査としてアンケート調査を一日間実施した。市民が現状の大垣市の環境をどのように認知しているかを把握することは、合意形成をしていく上での基礎資料となる。

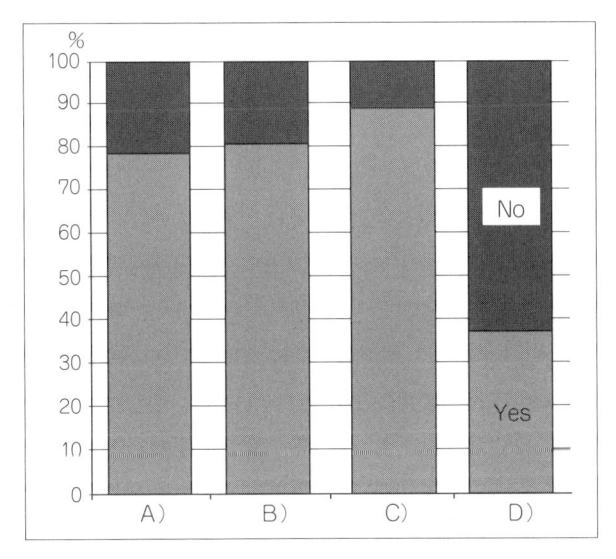

10 ビオトープから"まちづくり"へ：大垣市の事例

A）大垣を水都と思いますか？
B）大垣で湧水が湧き出ているところを知っていますか？
C）湧水の魚ハリヨを知っていますか？
D）市が策定した環境基本計画を知っていますか？

図10-1 市民による大垣市へのアイデンティティに関するアンケート結果

113名の方々からアンケートを回収した。男性49人（43.4％）、女性64人（56.6％）であり、ほとんどが大垣市民であった。年令構成としては50代の方々からの回収が3割近くを占めたが、およそ若年層、壮年層、熟年層まで比較的均一に回収できた。

① 大垣を「水都」と思うかの質問について、8割弱がそう思うと答え、その理由として水がおいしい、川が多い、湧き水が豊富をあげている（図10-1）。逆に、思わない2割強の方々は、水が汚い、昔はそうだったが今は違うと答えている。特に、「昔は水都であったが今は違う」という答えが、「思わない」の大半を占めたのが印象深かった。

② 湧水がある場所を知っているかの質問には、8割強が知っていると答えた。場所は加賀野、曽根、長沢町、江東小学校（学校ビオトープ）など、近隣では有名な湧水地があげられた（写真10-1）。それらの多くはハリヨの生息のために整備されたり、整備後ハリヨが生息できるように改修した場所である。

155

合意のために

写真10-1 大垣市加賀野八幡神社（境内のハリヨが生息する湧水池）

③ ハリヨという魚（口絵⑧参照）を知っているかの質問には、約9割が知っているとの答えがあり、ほとんどの方々に認知されている魚であることがわかった。どこで見たかについては特に、加賀野と曽根の湧水池における生息地をあげる人が多かった。

以上のように、大垣市民の多く（ほとんどと言っていい）は大垣地域を特徴づける項目として、水都、湧水、ハリヨという事柄への認識が高かった。つまり、多くの市民は、地域のアイデンティティともすべき事柄に対して、「水都」およびそれに関わる水環境を位置付けているといえる。

次いで、2000年に策定された市環境基本計画の認知度について質問をした。この大垣市の水環境を保全・改善する方針として、市民参加によって設定されたとする市環境基本計画の周知状況については、約60％強が知らないと答えた。この市行政が意図する規範・計画を、市民の半数以上が1年近く経っても知らないという結果は、市による周知広報の方法について少々考えなければならない事態だろう。

また、大垣市に20年以上住んでいる方々に対して、20年前と現在の間で変わった景

観について聞いてみたところ、水田や緑が少なくなり湧水が減少したという意見の他に、駅前の池がなくなったとの答えが目立った。この湧水が出ていたという池は、市民に親しまれていたことを伺わせる。今後は、開発事業や公共事業に市民の合意形成が、いかに効果的に反映されるかを課題にする場や契機を設けていくべきであろう。その一つの在り方として、下記するようなワークショップを、私は産研協議会や市都市施設課らとともに企画をした。

10.5 ワークショップによる合意形成に関する手法

　今回の「ビオトープ」を活用した市民参加のワークショップは、完成しているビオトープを利用するというものではない。このワークショップはビオトープづくりの前にこそすべき議論自体と、その内容の方向性を参加者間で了解することを目的としている。つまり、何がどうなったらいいのかを、ビオトープの概念から具体的設備までを事前に合意しておく交流の場を設けたのである。

1）ワークショップにおける了解事項

　まず最初に、参加者に対してテーマであるビオトープというものに関する定義や目的を明確に周知することを目的においた。それは地域の伝統的農村風景を、単に懐かしさだけをもって復活させるということではない。さらに、例えば農村風景というと、メダカやホタルのいる小川と水車、そして藁拭き屋根の農家というステレオタイプ的なものに陥らないように気をつけなくてはならない。水車文化のなかった農村にまちづくり事業の結果、立派な水車が建設されるという類の光景がそこかしこに見うけられる。あるいはホタルのいなかった場所に、ホタルが棲む川づくりが施工される。こういう紋切り的な形骸化した事業ではなく、要するに、地域ごとの特性を活かした環境づくりを、生態学的見地をベースにした土木事業や教育および啓発を通した形で、経済活動や生活域にいかに取り込めるかを課題としたのである。

a．『自然への配慮』とはどういうことか

　ここで何度も繰り替えし確認してきたことは、ビオトープの目的である『自然への配慮』ということである。それは『自然への配慮』とは、相手、すなわち自然の実態

合意のために

を知ることから始まるということであった。

『自然への配慮』が公共事業となる場合が、近年増加してきた。その際、そもそも、そこでいうところの自然というのは一体何であるか、という基本的な問いかけを必要とすることが多い。しかしながら、ほとんどの場合、そうした問いかけがなされないまま、金太郎飴的な施工・工事が実施されているのが現状である。

実は、私たちの日常生活の中で、この自然という言葉は非常に曖昧に使われ続けている。私たちが普段イメージする自然という実際は、人の手が一切入っていない純然たる天然状態を意味していたり、反対に盆栽や箱庭といった人工的な加工物に自然性を見出したりするものとなっている。つまり、私たちの自然へのイメージは、結局のところ、自然という言葉が出る度に揺れ動いており、自然の度合いが多くなったり少なくなったりしていると言える。

その曖昧さの結果、自然に配慮した改修事業の多くは現在でも、そこの環境特性や個々の生物種の生息条件に合った形ではあまり実施されていないのが現状である。また、自然環境を配慮したといっても画一的な工法に基づき、ある場所で成功したと判定された事例を各所で当てはめることがなされている。つまり、極論すれば、日本庭園を念頭に置いた親水公園に認められるように、従来の造園的感覚の延長線上の景観のみに終始している。それは人間だけの流行にも左右される目線だけに依っている。

やはり、そこではその場所や地域の本来の自然特性を前提にしたストーリーに、どこまでどのようにして近づけるかを目標とするべきであり、その本来の姿の仕組みは生態学的な視点から解析されることになる。人間の側から勝手に配慮してみましたという、自己満足的な程度であってはならない。

この事態を少しでも是正するためには、自然への配慮事業の際に、その対象において自然と人工の割合がどの程度あるのか、あるいは実現可能かは別にして、理想的にはどの程度の自然性を取り込むかができるかをまず明確にした上で、その事業の目標設定を決めることが肝要になる。その目標設定を作成するのが、一方には生態学と土木工学の学際研究であり、もう一方にはそこに半永久的に住む住民による合意形成という作業である。いくら科学的な根拠を得ようが、住民の理解や総意が得られなければ、『自然への配慮』としてのビオトープは成功しない。このワークショップは自明ながら特に、後者に大きな目的がある。ビオトープ自体のハードな施工物としての

完成を目指すものではなく、この地域にはいかなるビオトープを作るべきかという目標と意義を参加者間で議論し、ある方向性を形成していくことにある。

b．地域特性と生態学的知見の把握

　もう二点、このワークショップで理解を再三確認したことは、ビオトープの主役もしくは登場人物となる生物や事物に関する生態学的知見の重要性と、その事業において地域の特性を中心に活かすべきということであった。前者は『自然への配慮』の本質に大きく関連している。生態学的視点が不足したまま単に生物の増殖技術を開発したり、庭園や造園の感覚の延長として進められる事業だけからでは、『自然への配慮』というものを直ちに期待することはできない。ある特定種の生活や生態系の機構の実態を知ることを目的とする生態学的な知見が、これからの保全や配慮事業の中に反映させることがぜひとも望まれるのである。これは逆に言えば、生態学的資料の蓄積こそが、自然への配慮事業において第一義的に考えなければならないことを意味する。

　繰り返し述べてきたように、この大垣市のある濃尾平野には、木曽三川（木曽川、長良川、揖斐川）が流れ、日本でも有数の非常に広い淡水域をもっている。さらに西北部には、本来的に広い範囲にわたって湧水帯がある。この地域性は、琵琶湖・淀川水系と並んで、この地域が日本で有数の魚類種数を誇る非常に豊富で多様な生物相を持つことの背景となる。それを代表するように、例えば、この平野および周辺部には「国の天然記念物」（文化庁指定）に指定されている淡水魚4種のうち2種（ネコギギとイタセンパラ）が分布している。これらの生物種は多くの場合、絶滅に瀕しているか、あるいは明白な激減の傾向にある。こうした地域特性を示す生物多様性を保全することも、ビオトープの重要な役割といえる。しかも、そうした保全すべき貴重で希少な生物が生息する地域環境であるのであれば、なお一層の事業化の意味が付加されることになろう。

　すなわち、ここで示してきたように、例えば、特に淡水域を対象に培われた生態学的視点を活かしながら、地域環境の特性とその生態学的な把握を背景にして、地域における自然と歴史の特性を融合的に展開する方法を模索する場作りに、我々はまずもって取り掛かるべきといえるだろう。

2）"まちづくり"としてのビオトープと市民参加

　上記のような了解事項をもって、この「ビオトープ」を活用した市民参加のワークショップが実施された（登録者52名）。つまり、大垣市という地域特性をいかに活用し、当面、何がどうなったらよいのかへの明確な目標を設定するよう努力することを念頭において、いかなるビオトープを設置すべきかの議論が実施されたのである。次いで、それらをいかに市民レベルに敷衍させ、より広い議論の場にのせるかが課題となる。単に、講演会を開き勉強しましたというレベルに留まってはならない。市民の参加が目標であり、その主体性の発揮でなければならない。そこにはあまりにも多くの見解や利害の相違があり、遅々として進まぬものがあるかもしれない。しかし、このビオトープ事業の事前交流が"まちづくり"の一つの作業過程としての位置付けであるならば、むしろ、そういう性格こそ重要であるといえよう。こうした事業の方向性を市民間で合意していく作業は、概して時間がかかるものである。

　この市民参加のワークショップは、前提として、参加者の立場、見解、年令、性別、このワークショップへの意気込み、さらにはその時折りの心的状況すら異なっていることを前提としている。問題はそれらをいかにして同じ土俵にのせ議論を展開し、合意形成に向けて調整をしていくかということである。ちなみに参加者は、大垣市および周辺地域の住民ではあったが、具体的なビオトープ設置予定地の周辺住民は少数であった。

3）ワークショップ参加者への合意事項

　個人の意見というものは、当面の生活や趣味好みあるいは直接的に自分の身に関わらない場合、実は確固としたものではないことが多い。それは他人と議論したり情報交換したりして、見聞を広めながら形成されていくものといえる。しかも初めから目的が明確でなく、何をどうやるかから議論しなくてはならない場合は、なおさら、個々人の意見や主張は断片的で一貫性がなく一過的である。つまり、その課題についての思い入れや情報量が個人によって異なり、意見が集約できず羅列的なメモランダムになりがちである。そのために、まず最初に了解事項や定義を明示し、この初期段階は議論の方向性や目的そのものを決定していくという作業であることを、参加者が理解する機会が必要である。そうでないと、参加者は問題解決が当局や主催者側（情報

の提供はあるが)から与えられるものであり、また、すでに定まった解決があるものと思い込み、結果、その思いと異なる作業過程に対して違和感を覚え、ワークショップに対して十分に入り込めないことがままある。ワークショップというものは参加者自体が問題設定から始め、解決も自ら作成していくものであることを了解することが肝要なのである。

　このワークショップは、こうした視点から未決の課題への解決や価値の在り方までの合意を目指して企画された。市民もしくは住民が集まって、ある課題についてどのように解決に向けて議論していく際に、様々な個人の性格、立場や利害関係によって異なる見解が提出され、議論が白熱はするものの生産的な結論に導かれることが往々にして少ない。つまり、それが実は陳情になっていたり、一方的な意見・感情の吐露や思い出話であることが多いのである。それは個々人の意見が課題に対する情報量や思い入れ思い込みの程度が、同じレベルにあることがほとんどないからである。もちろん、このレベルの高低は良い悪いの問題ではなく、個人の意識の差を単に意味するだけであり、多様な価値観の存在を示している。つまり、レベルは異なっていて当然なのである。一方、例えば、同じ企業で目的(この場合、互いの利潤追求)が同じであれば、その構成員間で見解が異なるとはいえ、事は早く生産的になるべく進むだろう。それは予め与えられた目標であり、既存の価値に基づいている。したがって、ここで考えなければならないのは、問題とすべき内容は決まっているが、その在り処や重要度を感じる個人の間には大きな差がある状況を、いかに同一平面に乗せていくことができるかである。ある課題について話し合いや議論することが初めてである場合、ワークショップという形式をとって、ある課題の原理や基礎的な学習を了解し、かつグループ活動をしながら議論を練っていくことは有効である。今回のテーマはビオトープであり、前述もしてきたように、その在り方の規範は地域環境に根差し、かつその生態を把握することを前提に置いた。

10.6　ワークショップの方法

　このワークショップの実施日程は、第1日目(2001年3月3日):自然観察会とフリートーキング、第2日目(3月15日):ワークショップ第1回、第3日目(3月17日):ワ

合意のために

クショップ第2回、第4日目(3月22日):ワークショップ第3回であり、1ヶ月間で4回と集中的に行なった。以下に、その概略を説明する。

① 最初に、西美濃・大垣における自然環境の地域性について、野外を歩きながら実感的に体験する(自然観察会)(**写真10-2、写真10-3**)。かつ講演会(ビデオ、OHPなど

写真10-2　自然観察会
西美濃・大垣における自然環境の地域性について、野外を歩きながら実感的に体験した後で、ビオトープ計画対象地における現地説明。

写真10-3　観察会の後の車座会議 (大垣市の中川地区公民館)
高校生も参加している。

10 ビオトープから"まちづくり"へ：大垣市の事例

写真10-4　参加者の室内作業
参加者を数名ごとの4つのグループに分けて議論を重ねる。

を使用)によって、地域特性やビオトープの意義や理念について学習をし、了解事項を共有する。

② ワークショップ参加者をグループに分け、各グループごとに室内作業をする。ビオトープを実施できる具体的な場所を提示し、その条件や事情(市所有地)を説明した。そこにおけるビオトープの在り方について、個々の立場から自由に意見を出し合い、参加者個々人が一つ一つの意見をカード1枚ずつに列挙して書いていく。参加者がイメージする事柄を文字化することによって、作業目的のより明確化を図った。他者と議論する最初の作業である。こうしてカードに文字化して提出された項目を題材にして、グループ単位で作業をする(写真10-4)。

③ 次いで、それら提出された項目の間で似たものを類型化して、グルーピングする(写真10-5)。そうすることによって、対象のビオトープをどのようにしていきたいか進展する。つまり、互いの見解の共有する部分と相違する部分を整理し、調整する最初の作業である。これによって、おおよそのビオトープの方向性が選定され、

163

合意のために

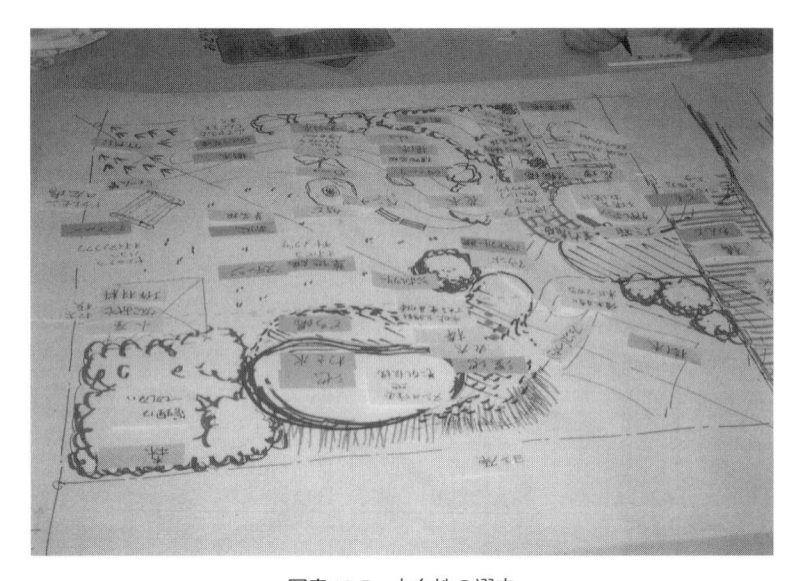

写真10-5 方向性の選定
各自がこのビオトープ事業においての思いをカードに書いて提出し、
類型化して並べた。それによってイメージの共有化を図った。

それはイメージの共有化(同一化ではない)として初めて練成される。
④ さらに、上記の類型に基づいて作り上げた共有するイメージを一旦、再評価する。つまり、グループごとの共有イメージに対して、個々人の立場を仮想的に入れ替え、その新しい立場からの項目を提示し、②と同様にグルーピングする。この作業は、自己の価値観や見解を相対化することであり、これによって相手の立場を理解することにつながる。
⑤ このビオトープ事業の在り方や進め方に、参加者の様々な立場を取り入れることを模索した。その結果を図示化あるいは模型化して、イメージをより明確にする。ここで多くの見解や意見が反映されるわけであるが、留意しておかなければならないことがある。それはこのビオトープ作業に、ここで提出された見解や意見のすべてに同じ重みをもって取り入れていては、本来の目的や原理を失うということである。実際のビオトープ対象地は当然ながら大きさが限られ、また種々の周辺事情があり、すべてを取り込むことは単に多くの項目をモザイク的に微細にくっ付けるだけに過

ぎないことになるだろう。そうではなく、ここで反映されるべき案件は、地域環境の特性や生態的知見への配慮を前提にしつつ提示された項目の重み付けをすることである。

⑥ 各グループをさらに統合化することはせず、個々のグループの特性を活かす形でそれぞれを一応の完成形とした。

　一応の帰結として、このワークショップ作業の中で提示された多様な意見や見解に対して重みを負荷し、その力点の置き方や順序は各グループごとに決定した。要するに、グループごと（赤、青、緑グループなど）にタイトルやキャッチフレーズが決まり、おおよそのハードな施設内容も一応の結論を得た。例えば、赤グループは子供の遊びを、青グループは癒しをテーマに、緑グループは自然環境をできるだけ多く取り入れるといった特徴が認められた（写真10-6）。また、グループ間の共通点が明確になり、各グループとも対象地に山（起伏）と植栽による新たな地形を作り、池の整備をして近付けるような水空間を設置するという2点を挙げた。

写真10-6　グループの代表者による発表
これによって他の参加者からの意見を求め、相対化しつつもグループの特性を強調することができた。

合意のために

10.7 合意形成としてのワークショップ

　今後、こうした経緯と内容をもってビオトープ事業の実践に際してのシナリオを作成していくことになる。このシナリオは、実際のビオトープが実施される現場の周辺住民に効果的に提案する方法を含んでいる。どのようにその地元にアプローチし、ビオトープ維持管理の方法を提言しながらプレゼンテーションを行うかが課題となるからである (写真10-7)。単に、ハードな施設面だけを提示するのではなく、地元住民の意向や風土的事情などを加味した形での持続的可能な維持管理を示さなくてはならない。

　そのためには、実際に地元住民と共通認識をもちえる場や機会づくりが必須である。維持管理するのは、そこの住民が主体となるからである。また、説明の方法として、これによって現状の生活環境がより良くなる事業であるということも強調しておく必要があろう。地元への伝え方として、例えばこれまでの作業過程と結果の発表会、なんらかの環境に関わるイベント、学校教育や子供会などの中への浸透、地元アンケート調査を実施して現状を把握するとともに、その活動によっての地元への問題意識化などが考えられる (写真10-8)。これらのすべてが同時に行うことができるわけではないので、どの方法で順番にアピールをしていくかということ自体も議論となろう。いずれにしても、地元説明に対して、このビオトープの意義を大垣・西美濃という地域

写真10-7　ビオトープ計画対象地での各グループごとの成果発表

10 ビオトープから"まちづくり"へ：大垣市の事例

写真10-8 『シンポジウム：ビオトープから"まちづくり"へ』の開催（2001年11月）
盛況で、補助椅子を並べるほどであった。

環境の特性をもって科学的に裏付け、かつ行政の積極的協力（主導ではない）や生活環境の向上、経済効果への可能性などを唱っておくことが肝要である。

10.8 地域活性化としての合意形成

このビオトープをテーマにしたワークショップ作業は、その過程自体が参加者間において認められる合意形成となっている。合意を形成するとは、他者との共通点と相違点を明確にし合意すべく、ある懸案に対しての了解事項や解決策を作り上げていくことである。つまり、合意形成とは、相手との議論を介して持続的に、自己の考えを明確化し整理することであると言い換えてもいいだろう。実は、この作業は昔ながらの「寄り合い」機能を再現しているのである。ある懸案がある場合、隣近所が集まり地域の合意を決めていく契機としての寄り合いがかつてあった。さらに、寄り合いは懸案解決の機能ばかりでなく、付き合いの確認・維持や新たな関係を形成するという

167

補足的だが主要な機能をもっている。物事が住民の総意によって採択されていくのと同時に、互いの情報交換の場としての作用があるのである。

　今回、ビオトープをいかに作るかにあたって、市民参加の会合を呼びかけ議論を重ねてきた。これは"まちづくり"の在り方に直結する。地域活性化の資源は何をおいても、その地域の歴史と自然に存在する。問題が地域の活性化である以上、国の利益や個々人の経済的合理性における進展にではなく、地域の風土・文化や民俗性、自然環境などを活用することに作業の主眼を置くことになろう。すなわち、地域活性化問題は、ここでも指摘および実践してきたように、まず、様々な地域特性を整理しながら、そこで見出された意義をいかに"まちづくり"に反映させることができるかに依拠する。

　さらに、本ワークショップへの参加者が、近々のビオトープ事業の参加だけに留まらず、半永久的な"まちづくり"全体に何らかの関与をされることが望まれる。つまり、各参加者がこのワークショップにおいて合意形成を得ていく一つの手法を取得したと認識すれば、この事業は成功であると位置付けられよう。参加者は、地域特性を展開しながら、市民合意が形成できるような場や契機を作る役割を担う主体となることが、このワークショップの究極的な目的なのである。まさに、そこにこそ地域活性化のための新たな地域資源の可能性が見出される。それらは何も、自然景観や過去の歴史、あるいは産業基盤となる水資源や地下資源にだけあるわけではないことを明瞭に意味している。すなわち、合意形成の作業を通じて、住民の間における地域への意識が高まること("ひとづくり")自体が地域活性化に繋がり、そのこと自体も地域資源となっているのである。その結果として、地域に根差した自然と歴史文化の両面の調査・研究を行い、身近な環境から発した『水都復活』という、"まちづくり"の計画・実施が今後望まれることであろう。

参 考 文 献

落合洋文（1998）：都市と社会の進化論．ナカニシヤ出版．
森　誠一（1997）：トゲウオのいる川 ― 淡水の生態系を守る．中公新書、中央公論社．
森　誠一 編（1998）：魚から見た水環境 ― 復元生態学に向けて ― ．信山社サイテック、東京．
鳥越皓之（1997）：環境社会学の理論と実践．有斐閣．

.... 監修者プロフィール ....

森　　誠一　（もり　せいいち）

現在、岐阜経済大学助教授。京都大学で学位取得（理学博士）
淡水生物の生態学と行動学を専門とする。特に、トゲウオ類
を中心に北緯35度以北の世界をフィールドにする。同時に
環境保全のための活動を気負いながら実践している。

〔最近の既刊〕

『トゲウオのいる川』（中央公論社）、『魚からみた水環境』、
『淡水生物の保全生態学』、『環境保全学の理論と実践Ⅰ』（以
上監修編著、信山社サイテック）、『A Threat to Life』（共著、
築地書館）、『ミチゲーション』（ソフトサイエンス社）など。

環境保全学の理論と実践 Ⅱ

2002年（平成14年）3月20日　　　　第1版1刷発行

監修・編集　　森　誠一
発　行　者　　今井　貴・四戸孝治
発　行　所　　㈱信山社サイテック
　　　　　　　〒113-0033　東京都文京区本郷6-2-10
　　　　　　　TEL 03 (3818) 1084　FAX 03 (3818) 8530
　　　　　　　http://www.sci-tech.co.jp
発　　　売　　㈱大学図書
印刷・製本／㈱エーヴィスシステムズ

© 2002　森　誠一　Printed in Japan　　ISBN4-7972-2564-5 C3040